图说交通建筑设计

（ 第 2 版 ）

GRAPHIC ILLUSTRATION OF TRANSPORTATION ARCHITECTURE DESIGN

赵晓芳 著

同济大学出版社·上海

TONGJI UNIVERSITY PRESS

再版序言

本书的再版由我来写序，多少有些诚惶诚恐。交通建筑设计非我所长，只能就此谈一点感想。

记得 2011 年在同济大学继续教育学院的一次教学例会上，得知学校正在组织"同济大学'十二五'规划教材选题申报"工作，大家觉得这是一个值得一试身手的机会。一是同济大学继续教育学院创办建筑学专业已有二十多年历史，但日常教学中缺少一套适合成人教育中建筑学设计课程教学的配套教材；二是建筑学教研室已聚集了一批学历层次高、教学经验丰富的专业教师，若能将多年的教学经验，结合各自所负责的设计课程，通过梳理、总结形成图说形式的教材，既可发挥教师的水平，又可满足学生的需求，是一箭双雕的好事。因而建筑学教研室因势利导，在同济大学出版社的支持下，齐心协力完成了这套丛书。图书陆续出版后，学生受益，好评如潮，在 2021 年获得"首届全国教材建设奖"二等奖的殊荣。如今，这套丛书得以再版，也印证了大家当年申报与编写教材的决定是值得的。

《图说交通建筑设计》这本书的主要特色，是将交通建筑设计原理的讲解，代入这一建筑类型的全过程教学，对交通建筑设计原理、实例评析与设计步骤等不同侧面进行剖析。本书与课程设计进度的各个阶段紧密关联，以图说方式，使学生熟悉交通建筑设计的常规步骤，增强设计学习的可操作性，对建筑学专业课程教学起到了很好的指导作用。本书第 2 版在原版的基础上拓展了国际视野，强化了原版的丰富性，突出了可持续发展的绿色建筑观，增加了国际交通建筑的经典案例。同时，对当下线上教学成果作了总结和展示。

在快速交通时代，交通建筑高效、多元地融入当代生活，既是城区之间、城际和城乡之间交通的发展需求，也是建筑师与城市规划师的使命担当。在建筑学的设计课程里，对初次接触交通建筑设计的学生来说，本书可作为建筑设计的辅助用书；同时，本书也可作为相关专业技术人员学习的参考书。

特此为序。

华霜

2022 年 9 月 18 日于上海寓所

序 言

　　交通运输在国民经济中具有极为重要的地位，城乡的发展离不开交通运输的建设。俗话说得好："要致富，先修路。"它是经济发展和市场经济运行的基础设施。随着我国经济的飞速发展，交通运输的建设也得到空前的发展，海、陆、空的交通运输工具运送了大量的人流和物流，成为我国经济建设的排头兵，海港码头、航空港、高铁车站、城市地铁轻轨车站、长途汽车站等一系列的交通建筑应运而生。

　　建筑学的教学中，类型建筑的设计教学是重要的教学内容之一，在教学大纲中就有交通建筑设计教学的环节。"工欲善其事，必先利其器。"有一本好的教材，在教学过程中将会取得事半功倍的效果。《图说交通建筑设计》就是这样一本教材，它通过清晰简明的三个章节将交通建筑的设计原理和课程设计的设计方法阐述详尽。特别是本教材以著者丰富的教学实践经验为基础，通过循序渐进、深入浅出、图文并茂的编著方式，使学者学得轻松，学得愉快。

　　经粗略阅读，《图说交通建筑设计》一书，在第1章"交通建筑设计概述"中，讲述了交通建筑的类型与规模、交通建筑的发展趋势，并收录了我国改革开放以来新建典型的现代交通建筑实例，资料丰富翔实，扩大了人们的眼界和对交通建筑的认知。第2章"交通建筑设计分析"以汽车客运站建筑设计为例，详述了汽车客运站建筑设计的原理，其中涉及的设计要素可融会贯通至其他交通建筑的设计，是交通建筑设计的理论基础。第3章"交通建筑课程设计与作品评析"，清晰地对设计教学的教学目标、教学形式、教学方法、教学内容、设计作业的成绩评定及作业评析作了完整的讲述，使学生学知所然，教师教之有方。本书不失为建筑设计教学的好教材，也可作为其他专业技术人员学习的参考书籍。

　　本人有幸受邀为本书作序，有点诚惶诚恐，谨以上述文字代之。

庄嵘

2013 年冬至于同济大学建筑设计研究院

再版前言

随着我国经济的飞速发展，交通运输在国民经济中的地位越来越重要。如今城乡协同发展下巨大的交通量使得综合交通枢纽建设总量和建设规模越来越大，交通建筑与设施正在成为城市与国家重要的标志性建筑类型。城市与乡村是现代化建设的两个重要领域，城乡融合发展是中国城乡发展的重要主题、核心内容和目标。面对城市快速发展、乡村振兴，交通建筑设计发展呈现"快"与"慢"、现代与传统、生态与地域等多元化特征。创新发展交通建筑设计已然成为建筑师与城市规划师的使命担当，充分体现科技创新精神。

建筑学教学中，交通建筑设计是类型建筑设计教学的重要教学内容之一。《图说交通建筑设计》内容主要特色是将设计原理的讲解与教学进程融合，从设计原理、实例评析与设计进程等不同侧面对交通建筑设计进行剖析。本书重点图解包括汽车客运站、高速公路服务区、公交枢纽站等类型建筑设计的学习推进过程，帮助学生厘清设计思路，抓住设计关键点，从而更好地完成设计。本书第 2 版立足可持续发展的绿色建筑观，在拓展国外优秀交通建筑实例的同时，增加近几年课程设计优秀作品案例评析，对当下线上教学成果进行了回顾和展示。

在倡导保护生态环境、坚持可持续发展的当下，尊重环境、重视地域文化、因地制宜的交通建筑设计是我们不懈努力的方向。希望读者能够随着本书的再版，在实践中继续学习设计、热爱设计。

赵晓芳

2022 年 9 月于同济大学

前 言

多年的建筑设计教学经验告诉我们，运用建筑的图示语言来表达设计意图和设计思想固然重要，但是掌握正确的设计方法对初学建筑设计的学生可以起到事半功倍的作用。写作本书的初衷，正是希望能通过对设计过程的分析图解，帮助初学设计的学生学会建筑设计的思考方式，学会设计语言，并且能够通过设计图纸准确表达设计意图。

本书是对交通建筑设计原理的阐述和对课程设计实践的评析，分为设计概述、设计分析、课程设计与作品评析三个章节。本书给学生归纳出一个合理的交通建筑设计创作过程，在讲述交通建筑设计原理的同时，依据教学流程将课程设计分解为前期调研、总体设计、深入设计、细部设计等多个步骤，采用图文并举的方式，加以描述分析。这种图说建筑设计的方式可以有针对性地帮助学生们对理论文字加以理解，同时，也可以体现出设计行为在每一个设计步骤中的过程。在本书第 2 章"交通建筑设计分析"中，以阐述公路交通中的汽车客运站建筑设计原理为主，在概念设计和细部设计中兼顾其他交通类型建筑设计。这样选择主要是考虑到与教学课程设计紧密结合。当然，书中也有一些内容是设计中涉及但没有深入讨论的，也希望读者在阅读之余，再进行其他相关内容的补充。另外，随着国家对建筑质量的要求提高，相关建筑规范、标准均处于不断改进之中。本书内容所涉规范、标准，尽量选用现行最新版本，但更新难免。读者如有需要，请核实查对现行规范、标准为盼。

一直以来，面对初学设计的学生们求知的目光，作为教师，深感有责任告诉他们更多有关建筑的知识。建筑设计是一门需要融汇众多门类知识的综合性学科，建筑设计的过程除了直觉与灵感的迸发，更需要理性思考、扎实的专业知识与设计者坚持不懈的努力。希望读者能够随着本书的进程，在实践中不断修正设计、学会设计。

赵晓芳

2013 年 9 月于同济大学

目 录

第3章 交通建筑课程设计与作品评析...127

第 1 章

交通建筑设计概述

1.1 城市与交通

⊙ **城市交通的模式**

城市交通作为解决空间距离问题的手段，是构成城市生活的最重要的要素之一。

城市交通依据属性可以分为公共交通和私人交通。公共交通是所有人都能无差别地共同使用的交通手段，如火车、公共汽车、轻轨、地铁、出租车、渡轮、航班飞机等。私人交通是指特定的个人或者单位为了其特定的用途而使用的交通手段，如自行车、私人小汽车、私人飞机、私人游艇、公司车辆等。

城市交通依据服务对象的不同，可以分为客运交通和货运交通；依据交通距离又可分为长途交通和中短途交通等。现代的城市交通运输可以运用不同的交通工具在海、陆、空三个领域立体化进行，其中陆路交通运输又分为公路、铁路、轻轨交通等。

公路交通运输在市镇间的中短途交通中，发挥出便捷、经济的优势，发展前景较好。党的十八大以来，在国家的大力投入下，公路建设速度加快，路网遍及市镇和乡村，公路建设的质量也有了很大提高。公路交通的建设也相应地带动了交通枢纽站建设的发展。

⊙ **交通与城市发展**

交通运输在国民经济中占有极为重要的地位。俗语有"要致富，先修路"，由此可见一个地区的交通基础设施是经济发展和市场经济运行的基本前提。城市发展既包含着城市交通的发展，又带动和促进城市交通进行相应的改善，从而适应城市化进程的需要。

随着中国城市化水平的不断提高、城市空间的不断发展、人口增长以及汽车的增加，城市交通问题日益严重，如由于过多的车辆或道路规划建设的滞后导致道路堵塞和交通事故频发等现象（参见 ①、③、⑤）。另外，大量的汽车尾气还会对大气环境造成污染，交通问题已经对城市社会经济发展造成严重的影响。

然而城市的发展离不开交通，不良的交通状况又会给城市的发展带来阻力，如降低劳动生产率、浪费大量能源、降低城市内部生产资料的运输力度等。为了实现交通的可持续发展和提高人们的人居环境质量，就要解决交通问题（参见 ②、④）。

⊙ **交通与城市规划**

当代的城市规划不是把城市中的居住、商业、工业、教育、医疗、供给和处理等设施混杂地安排在一处，而是按照土地的功能分区，对各种城市设施的建设地点恰当地进行限制和选择。城市交通系统承担着联系城市中不同区域的责任，因而需要对交通系统进行必要的规划和建设。[1]

[1] 参考文献：青山吉隆. 图说城市区域规划 [M]. 上海：同济大学出版社，2005.
① 资料来源：http://www.360doc.com/content/22/0921/16/1164894_1048800726.shtml.
② 资料来源：https://www.sohu.com/a/70025608_391463.
③ 资料来源：https://tieba.baidu.com/p/2151972749?red_tag=2891584044.
④ 资料来源：https://www.sohu.com/a/325175227_404517?_f=index_chan29news_22.
⑤ 资料来源：https://img.phb123.com/uploads/allimg/170718/19-1FGQI545N4.jpg.

1 中国 20 世纪五六十年代公交汽车拥挤、人车混行的状况

2 上海南京西路人车分流的步行高架桥

3 上海火车站南广场

4 厦门国际邮轮码头

5 上海外滩拥挤的车流、人流

1.2 交通建筑的特点与环境

1.2.1 交通建筑的类型与规模

◉ 交通建筑的类型

交通建筑是各类交通工具在长短途客运或货运营运过程中停靠和休息的场所，是使旅客与货物产生空间位移的起点和终点。对于客运来说，交通建筑还包含历史上驿站的含义，所以习惯上称之为客运站。依据交通工具的不同，客运站分为公路客运站、铁路客运站、港口客运站、航空港、地铁和轻轨交通站等。其中，公路客运是四大客运业务（公路客运、铁路客运、水路客运、航空客运）中与旅客接触最广泛的一种。承载公路客运业务的交通建筑有汽车客运站、高速公路服务区、交通枢纽站（即可为两种及两种以上交通方式提供旅客运输服务，且旅客在站内能实现自由换乘的车站）等。

◉ 交通建筑的规模

1）汽车客运站

汽车客运站是公益性交通基础设施，是道路旅客运输网络的节点，也是道路运输经营者与旅客进行运输交易活动的场所、培育和发展道路运输市场的载体。其规模依据三方面的概念来划分：

（1）统计概念：一般是按国家历年经济发展与结构特征分析，以及对未来的预估，结合公路客运旅客发送量的统计，确定各不同站级年平均日旅客发送量（即设计年度车站平均每天始发旅客的数量），划定汽车客运站的站级（参见 ①）；

（2）行政概念：按站址所在地的行政级别确定其站级（参见 ②）；

（3）基建概念：依据有效发车位（即车站同一时刻客运班车发车的停车位数）的多少确定站级。汽车客运站划分为等级站（五个级别）、简易车站和招呼站（参见 ③）。其中等级站前四级站的等级大致与统计概念、行政概念划分的站级相当。

2）高速公路服务区

高速公路是 20 世纪 30 年代在西方国家开始出现的，为汽车运输提供服务的交通基础设施。我国 1988 年第一条高速公路正式通车，至 2007 年年底高速公路总里程达到 5.36 万 km，位居世界第二位。[1]

高速公路具有行车速度快、通行能力大、运输成本低、行车安全舒适等经济技术特点，有利于集约利用土地资源、降低能源消耗、减少环境污染、提高交通安全性，对实现社会经济可持续发展具有积极作用（参见 ④）。

高速公路服务区是以高速公路上运行车辆、司乘人员、被运送物资为服务对象的基础设施。由于高速公路是全封闭、全立交、严格控制出入的公路运输设施，途中加油、检修车辆、驾驶人员与旅客休息、如厕、就餐、维护保养物资等需求，都要靠高速公路服务区来满足。

高速公路服务区规模应根据公路设计交通量、驶入率来确定。驶入率是高速公路服务区规划设计的重要参数，直接决定着服务区的建设规模、运营效果、占地面积以及各种服务设施（停车场、厕所、商店、餐厅）的规模（参见 ⑤）。服务区间距和服务质量等因素会影响到驶入率，在设计阶段应重点考虑前者，服务质量暂时可以忽略。

[1]参考文献：刘孔杰，崔洪军. 高速公路服务区规划设计 [M]. 北京：中国建材工业出版社，2009.
① — ③资料来源：依据《交通客运站建筑设计规范》（JGJ/T 60—2012）绘制.
④资料来源：依据《公路工程技术标准》（JTG B01—2014）绘制.
⑤资料来源：刘孔杰，崔洪军. 高速公路服务区规划设计 [M]. 北京：中国建材工业出版社，2009.

1 统计概念划分的站级

规模	年平均日旅客发送量
一级站	≥ 10 000 人次
二级站	5 000 ~ 9 999 人次
三级站	2 000 ~ 4 999 人次
四级站	300 ~ 1 999 人次
五级站	300 人次以下

3 基建概念划分的站级

规模	有效发车位
一级站	≥ 20 个
二级站	13 ~ 19 个
三级站	7 ~ 12 个
四级站	6 个以下
五级站	视情况而定

2 行政概念划分的站级

规模	站址所在地行政级别
一级站	省、自治区、直辖市及其所辖市、自治州（县）人民政府和地区行政公署所在地
二级站	县以上或相当县人民政府所在地
三级站	乡、镇人民政府所在地
四级站	

4 公路等级与设计速度

公路等级	高速公路			一级公路			二级公路		三级公路		四级公路	
设计速度（km/h）	120	100	80	100	80	60	80	60	40	30	30	20

5 我国规范中推荐服务区驶入率

车型 设施种类	小客车	大客车	货车
服务区	0.175	0.25	0.125
停车区	0.1	0.1	0.125

3）铁路（含高铁）客运站、磁浮铁路车站

铁路客运站是一个具有多种功能体系的客运站服务系统（参见 [1]）。作为最基层的旅客运输的生产组织基地和运输网络中客源集散、转运的节点，铁路客运站具有运输组织与管理、中转换乘、辅助服务等功能。目前，其布局研究主要从运输组织角度、枢纽角度、城市规模和客流角度等方面进行。

由于区域城市以及区域经济处于不断快速的发展过程之中，带动商品的流动以及人员在城市之间的频繁往来，我国开始了既有线提速改造和客运专线的大规模建设。我国在"十一五"期间启动京沪高速铁路工程。京沪高速铁路设计时速为 350 km/h，共设 21 个车站（其中 7 个一级站），全程运行时间为 5 h，2011 年 6 月 30日已经开通运营。拟建沪杭磁浮全长约 175 km，正常运行速度为 450 km/h，中心城区内最高正常运行速度不高于 200 km/h。目前已经建成的磁浮项目只有上海浦东机场线，一共建了 31 km。

4）地铁、轻轨交通站

城市轨道交通以其大运量和快速为城市公共交通提供了一种选择。地铁、轻轨交通站按运营性质可分为中间站、换乘站、区域折返站、终点站和接轨站等（参见 [2]）。地铁、轻轨交通站综合开发与城市设计密切相关。

5）港口客运站

港口客运站按性质可分为专用客运站、客货兼用客运站和多功能客运站；按规模可以分为一级站（特大型站）、二级站（大型站）、三级站（中型站）、四级站（小型站）（参见 [3]）。

6）航空港

航空港是供飞机起飞、降落、停放，保障飞机活动的场所。通常设有跑道、滑行道、停机坪和指挥调度、通信导航、气象观测、维护修理、油料器材等各种建筑物和设备，以保证旅客、货物、邮件正常地运送（参见 [4]）。

[1]、[2]、[4] 资料来源：《建筑设计资料集》编委会．建筑设计资料集（第二版）6[M]．北京：中国建筑工业出版社，1994．
[3] 资料来源：《交通客运站建筑设计规范》（JGJ/T 60—2012）.

1 铁路客运站的规模

旅客站规模	旅客最高聚集人数
特大型	10 000 ~ 20 000 人
大型	2 000 ~ 10 000 人
中型	600 ~ 2 000 人
小型	50 ~ 600 人以下

3 港口客运站的站级分级

分级	年平均日旅客发送量（人 /d）
一级	≥ 3 000
二级	2 000 ~ 2 999
三级	1 000 ~ 1 999
四级	≤ 999

2 地铁、轻轨交通站的运营性质

中间站	供乘客上下车之用，是一种最通用的车站形式	
换乘站	除供乘客上下车外，还能由一条线换乘到另一条线的车站上去	
区域折返站	地铁沿线因客流量不均匀，为合理组织列车运行，需部分列车在中间站折返	
终点站	线路终点站，其任务是办理列车折返业务	
接轨站	地铁支线与地铁正线实行混合运行	

4 航空港的组成

航空港	与飞行活动联系密切区	飞行区	跑道、滑行道、飞行空间
		航站区	航站楼、航管楼、停机坪、停车场 特种车库、消防救护、变电站、制冷站
		维修区	维修站坪、滑行道、机库、加工间 航材库、材料库
		货运区	货机库、办公、海关、检疫 货仓（危险品、贵重物品、动物）
		燃油区	油库、油罐
	与飞行活动联系松散区	食品加工区	（即空中厨房）
		旅馆	
		行政、生活	

1.2.2 交通建筑的选址

大城市中，内、外部交通运输能力的协调与否直接影响着交通建筑在城市中的选址。如我国的铁路客运站，过去由于城市内部交通以公交巴士、电车为主，能力有限，因此铁路客运站的选址强调的是直接服务于城市居民，要求深入市区，特别是靠近交通和商业中心。由此虽然方便了居民出行，但严重影响了城市的发展，这在大城市和特大城市中尤为明显。

城市轨道交通在我国的出现和发展，适应了我国城市化发展的速度和规模的需要，大大提高了城市的内部运输能力，为解决铁路与城市的矛盾提供了新的途径。当城市轨道交通系统发展到一定规模并形成网络后，铁路枢纽所有为城市服务的设备和设施均可移出市区，市内交通运输任务交给城市轨道交通系统和公交系统来完成，而铁路只承担城市的外部运输。

客运站是城市交通系统的一部分，其规划应考虑城市的发展规模、城市内部交通系统的状况、客流特点、自然地理环境等情况，应符合城市规划的合理布局。下面以汽车客运站为例，说明选址应考虑的因素。

◉ **地点适中，方便旅客集散和换乘**

大城市应根据城市人口分布及市内交通情况，合理布置客运站，适当分流。中小城镇应尽量靠近中心地区。一般来说，汽车客运站可选择与火车站相邻或共用一个广场，为旅客换乘提供方便。我国有很多这样的实例，如上海、沈阳、重庆、南宁、西安、洛阳、石家庄、长沙、广州、昆明等城市。

南京中央门长途汽车站的选址优于南京长途汽车东站（参见[1]），因其位于市区北段，距南京火车站较近，为旅客周转提供便利。苏州汽车站设南站、北站（参见[2]），其中北站与火车站毗邻，南站与轮船码头为邻。再如上海长途汽车客运总站、长途客运南站，分别紧邻火车站上海站和上海南站，同时又与城市轨道交通站交会（参见[3]）。

◉ **与城市交通系统联系密切，交通工具流向合理、出入方便**

汽车客运站进出站车辆必然对城市交通产生影响。因此，必须遵循公路运营的要求，进出站的客车要运行顺畅、便捷，尽量避免过多车流与人流的交叉。客运站应避免在交通密集的线路上建造，基地应至少有两个不同方向可通往城市道路。

◉ **远近期结合，近期建设有足够场地，并有发展余地**

选址既要考虑到自然的因素，又要考虑到社会条件，远近期要综合规划。规模较大的客运站，应留有发展空间，为将来的改扩建做准备。

◉ **站址应有必要的外部条件**

站址应有必要的水源、电源、消防、疏散及排污等条件。

◉ **站址基地的地质条件应满足建设需要**

站址不应选择在低洼积水地段，有山洪、断层、滑坡、流沙的地段及沼泽地区；站址靠近河、湖、海岸或水库时，站区最低室外地坪设计标高应根据当地有关部门规定的最高水位计算。

---

[1]、[2]资料来源：章竟屋. 汽车客运站建筑设计 [M]. 北京：中国建筑工业出版社，2006.
[3]资料来源：https://www.sohu.com/a/191742295_459887.

1 南京长途汽车站的区位

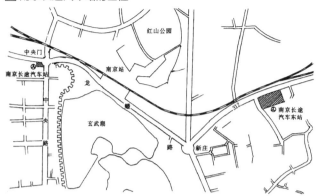

2 苏州长途汽车站的区位

3 上海长途汽车客运总站、长途客运南站区位示意

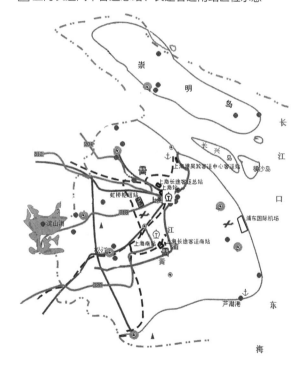

1.2.3 交通建筑的设计趋势与造型特征

⊙ 交通建筑的设计趋势

目前，综合交通枢纽成为交通建筑规划与设计的趋势。客运站的设计，应从"城市大门"向"城市另一中心"过渡。也就是说，客运站的性质要从单纯的旅客乘降场所，转变为为旅客提供乘降、换乘其他城市交通工具，住宿、购物、娱乐、餐饮等多种功能的综合性服务中心，从而最大限度地便利旅客。

如上海虹桥综合交通枢纽工程，位于上海市闵行区华漕镇和长宁区虹桥地区，距市中心约 13 km，总用地面积约 26.26 km²。主要功能为商务办公、综合交通、居住及配套等，总开发量 1 100 万 m²。[1] 该工程是将高速铁路、城际和城市轨道交通、公共汽车、出租车及航空港紧密衔接的国际一流的现代化大型综合交通枢纽，远期日客流量可达百万人次。它是上海市对内、对外交通的重要交汇点，具有运输组织与管理、中转换乘、多式联运、信息流通、辅助服务、带动周边城区发展六大功能（参见①—③）。

⊙ 交通建筑的造型特征

1）象征城市门户，具有较强的标志性

交通建筑是旅客到达城市的第一站，是城市对外交流展示的窗口。如上海长途客运南站整体呈月亮造型（参见④），其高耸的塔楼具有极好的标识性，与上海南站的圆屋顶一起构筑日月同辉的艺术体，体现了公铁互依、互补、互通、互连的设计思想。站前广场绿树成荫，"以站为景、站在景中"，旅客可以在此惬意地候车，忘却旅途的疲劳。可在站内通过地下换乘通道，换乘火车、长途汽车、地铁 1 号线和 3 号线、市内公交、郊区公共汽车、出租车等，换乘时间 3 ~ 8 min 不等，极大地方便了旅客。

2）体现现代交通的高效、快速与便捷，彰显现代建筑的魅力

交通建筑造型应体现明快、大方、简洁和朴素的风格。如丹麦霍耶措楚斯火车站（参见⑤），以三个半圆筒体结构作为造型要素，玻璃幕墙通透轻盈，体现了现代建筑的特征。又如日本长崎港候船大楼（参见⑥），以水平、垂直相交的两个椭圆筒体为造型要素，朴素而有张力，简洁明快的几何形体彰显了现代建筑的魅力。

3）呈现尊重自然的环境观

交通建筑应表现出对自然环境应有的尊重。如美国丹佛国际机场（参见⑦），巨大的建筑与白雪皑皑的洛基山脉遥相呼应，与周围环境协调，在候机厅内能够看到外部的气象变化，如飘动的云彩，从而使壮丽的自然风景映入旅客的眼帘，与自然形成完美的统一。

4）体现应对环境的技术、生态策略

生态交通建筑往往与气候环境紧密相关。如北京首都国际机场 T3 航站楼，从最初的设计构思到建筑设计各环节，都努力探索有利于生态节能和可持续发展的策略。旅客候机大厅的空间结构形式采用大跨度结构体系，使新技术及新材料的应用也成为展示北京综合实力的窗口。

[1] 参考文献：查君. 上海虹桥枢纽核心区可持续城市设计研究[J]. 绿色建筑，2011（04）.
① 资料来源：李京，朱志鹏. 海纳百川——论上海虹桥综合交通枢纽规划[J]. 铁道经济研究，2008（01）.
②、④ 资料来源：现代设计集团华东建筑设计研究院有限公司工程项目.
③ 资料来源：汪大绥，刘晴云，周建龙，等. 上海虹桥交通枢纽磁浮站结构一体化设计研究[J]. 建筑结构学报，2010（05）.
⑤—⑦ 资料来源：建筑世界杂志社. 交通建筑II[M]. 车永哲，译. 天津：天津大学出版社，2001.

1 上海虹桥枢纽站不同交通方式换乘客流预测量（2020 年，人 /d）

	高铁	城际铁	虹桥	机场间磁浮	磁浮沪杭	高速巴士	高速公路	城市交通
高铁		1 000～2 000	2 000～3 000	7 000～8 000	1 000～2 000	500～1 000	6 000～7 000	65 000～66 000
城际铁	1 000～2 000		3 000～4 000	7 000～8 000	400～1 000	500～1 000	1 000～2 000	68 000～69 000
虹桥	2 000～3 000	3 000～4 000		2 000～3 000	400～1 000	3 000～4 000	7 000～8 000	34 000～35 000
机场间磁浮	7 000～8 000	7 000～8 000	2 000～3 000		0	1 000～2 000	0	0
磁浮沪杭	1 000～2 000	400～1 000	400～1 000	0		1 000～2 000	1 000～2 000	24 000～25 000
高速巴士	500～1 000	500～1 000	3 000～4 000	1 000～2 000	1 000～2 000		0	3 000～4 000
高速公路	6 000～7 000	1 000～2 000	7 000～8 000	0	1 000～2 000	0		0
城市交通	65 000～66 000	65 000～69 000	34 000～35 000		24 000～25 000	3 000～4 000	0	

2 上海虹桥枢纽站鸟瞰图

3 上海虹桥枢纽站磁浮车站、地铁站剖面示意

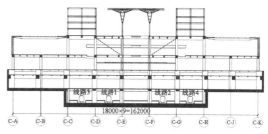

线路3 线路1 线路2 线路4
18000×9=162000
C-A C-B C-C C-D C-E C-F C-G C-H C-J C-K

4 上海长途客运南站

5 丹麦霍耶措斯楚斯火车站

6 日本长崎港候船大楼

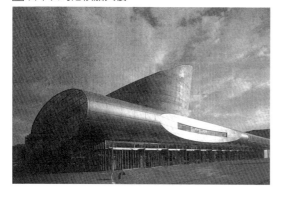

7 美国丹佛国际机场

1.2.4 交通建筑对环境的影响

⊙ 对环境产生的正面影响

目前交通建筑除了为旅客换乘提供便利之外，本身已经形成集住宿、购物、娱乐、餐饮等多种城市功能于一体的综合性服务中心。它既是城市交通的节点，又是城市充满活力的娱乐、交流场所。

1）作为城市交通体系的节点，便利旅客出行

作为城市对内与对外交通节点的交通建筑，为旅客出行提供了便利。

2）整合城市功能，塑造城市空间和景观，体现城市文脉和地域文化

交通建筑具有较强的标志性，简洁、明快的造型形成城市人造景观。交通建筑的站前广场，是人们娱乐、交流的场所，多种城市功能通过交通建筑聚集的大量人流得以整合，形成丰富而有活力的城市人文景观。交通建筑由于体量巨大，其造型往往与结构密切相关。通过建筑设计使其空间形态与城市肌理相融合，通过结构与造型的完美融合，展现地域文化特色。

3）绿色建筑，能源的合理利用

交通建筑作为城市形象的综合展示，可充分体现生态建筑的设计理念。低碳、零能耗、可再生能源的利用等都可以在交通建筑中综合运用，以降低建筑对环境的负面影响。例如，中国首个生态环保客运站——广州海珠客运站，采用国内外最新环保技术，对与环境相关的光、气、声、物、水等进行有效处理，具体措施有：防废气——候车厅空气净化；防噪声——采用纳米涂料；防废水——水资源循环利用；节能——太阳能全天供热水；防光污染——纳米涂料显效（参见 [1]—[3]）。

⊙ 对环境产生的负面影响

1）环境污染问题

城市建设在很大程度上改变了原有的自然地理环境，其影响主要表现在气候、水文、生态环境等方面。交通建筑对环境的影响也不例外。随着公路在国民经济综合运输体系中的位置提升，公路污染、公路对周边环境的影响等问题也大量凸显出来。交通建筑设计中可布置乔木、灌木等植物净化吸收车辆尾气中的污染物，减少大气中总悬浮微粒。

2）噪声干扰问题

航空港飞机的起降噪声、铁轨上火车驶过的噪声等，都对周围居民的生活造成噪声干扰。可以通过修建高围墙、设置声屏障、密植乔灌木等植物、建筑物设双层窗或密封外走廊等措施来改善（参见 [4]—[7]）。

[1]、[2] 资料来源：叶洪波. 海珠客运站环保设施技术的应用 [J]. 广东科技，2003（05）.

[3] 资料来源：黄捷，董晓文. 生态站场：广州海珠客运站设计 [J]. 新建筑，2004（01）.

[4]—[7] 资料来源：《声屏障声学设计和测量规范》（HJ/T 90—2004）.

[5] 资料来源：https://th.bing.com/th/id/OIP.Pqfx9id9QT8yOSqzpNCEwwAAAA?pid=ImgDet&w=208&h=121&c=7&dpr=1.3.

[6] 资料来源：https://c.m.163.com/news/a/DN56EG7305158B67.html?referFrom=.

1 广州海珠客运站洗车污水循环处理工艺流程

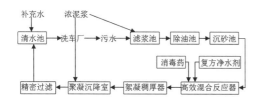

2 广州海珠客运站厨房污水处理工艺流程

3 广州海珠客运站

4 声屏障绕射、反射路径

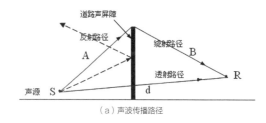

5 铁路两侧的声屏障

6 公路两侧的声屏障

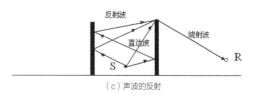

7 声屏障的绕射声衰减曲线

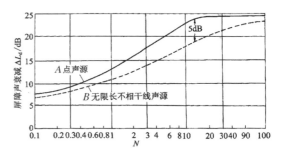

1.3 交通建筑实例

1.3.1 上海铁路南站

上海铁路南站是以站屋为主的铁路、地铁、轻轨与城市公交综合换乘枢纽，是上海西南地区的主要门户，也是上海新世纪的标志性建筑景观。它汇聚了上海南站火车站、上海长途客运南站，地铁 1 号、3 号，20 条市内和市郊公交线路，5 个出租车上车点，甚至预留了沪杭磁浮上海南站站的位置。北广场是南站的主广场，靠近站房处设有集散人流的下沉式广场（地下一层）。南广场是南站的辅广场，地面的东侧由近至远分别设有自行车停车场、公交站、出租车站、郊区汽车站、长途汽车站，地面的西侧为机动车出口道路（道路西侧为居民区），地下有二层，设有地下商场和停车场。实例参见 ①—⑥。

● 建设概况

建筑设计：法国 AREP 建筑公司、现代设计集团华东建筑设计研究院有限公司；

建筑面积：52 916.3 m²；

建成时间：2005 年；

建筑所在地：中国上海市徐汇区沪闵路。

● 项目特点

设计充分考虑了站屋与轨道交通、公交枢纽站、长途汽车站、近郊汽车站、出租车上下客以及步行等其他交通方式的相互连接。圆形主站屋的设计，巧妙地解决了铁路与沪闵路、石龙路的夹角问题，使站屋各个方向的视觉形象更为稳定、夺目。向心性很强的巨大钢结构屋盖以其高技术感和晶莹剔透的外观，无论在白天还是夜晚均能成为各个方向的视线交点，充分体现出上海南大门的标志形象。

① 上海铁路南站鸟瞰图

① —⑥ 资料来源：现代设计集团华东建筑设计研究院有限公司工程项目.

2 上海铁路南站剖面图

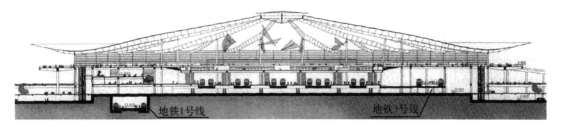

3 上海铁路南站总平面图

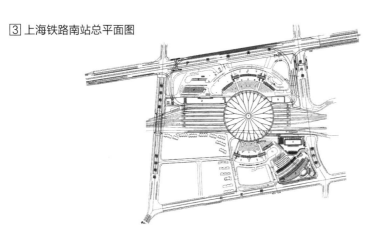

4 上海铁路南站站台层平面图

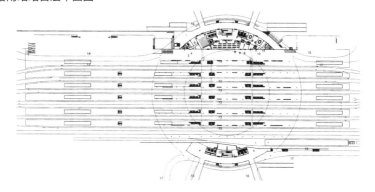

5 上海铁路南站广厅层平面图 6 上海铁路南站出站层平面图

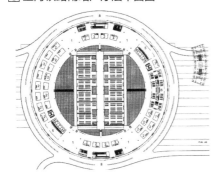
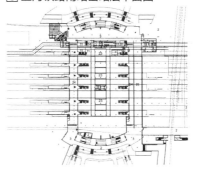

1.3.2 上海长途客运南站

上海长途客运南站位于柳州路以西、石龙路以北的上海铁路南站南广场范围内，是南区火车站的配套设施。在设计上，综合考虑上海铁路南站及本工程功能布局的要求，解决好与城市地铁、轻轨、城市公交等之间的联系。实例参见 ①—⑤。

◉ **建设概况**

建筑设计：现代设计集团华东建筑设计研究院有限公司；

建筑面积：19 720.74 m²（地上 13 580.82 m²；地下 6 139.92 m²）；

建成时间：2005 年；

建筑所在地：中国上海市徐汇区石龙路。

◉ **项目特点**

1）融入城市环境

上海长途客运南站的基地呈现不规则梯形，设计最大限度地发挥了土地的经济价值，充分利用地上地下空间解决基地面积小、工程规模大、设施内容多等矛盾，作为上海铁路南站的配套设施很好地融入城市环境中。

2）形象的象征寓意

主体建筑采用与上海铁路南站主站屋同心的圆弧演化的非对称弧形平面，形成日月相辉的格局。两个建筑有机地融为一体，成为上海铁路客运南大门的组成部分，树立起新世纪上海公路交通客站的代表形象。

① 上海长途客运南站西侧全景

① —⑤ 资料来源：现代设计集团华东建筑设计研究院有限公司工程项目．

② 上海长途客运南站总平面

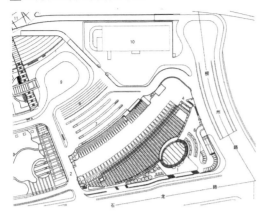

⑤ 上海长途客运南站室内

③ 上海长途客运南站各层平面图

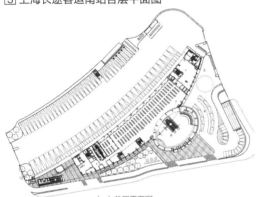

（a）首层平面图

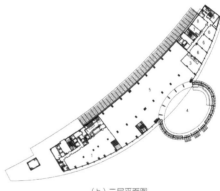

（b）二层平面图

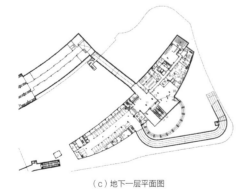

（c）地下一层平面图

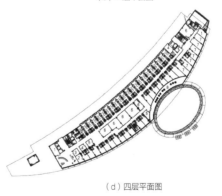

（d）四层平面图

④ 上海长途客运南站东侧展开立面图

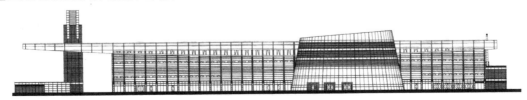

1.3.3 上海长途汽车客运总站

上海长途汽车客运总站位于铁路上海站北广场西侧。东侧为铁路上海站北广场，有 16 条公交线路的终点站在这里汇合，地铁 1 号线、3 号线、4 号线也在此设站。作为上海第一个现代化大型客运中心，客运站的车流量、客流量都是上海目前设计中规模较大的，它是上海连接西南、西北方向各省市的汽车客运交通枢纽。实例参见 ①—⑤。

◉ **建设概况**

建筑设计：现代设计集团华东建筑设计研究院有限公司；

建筑面积：73 924.26 m²；

建成时间：2005 年；

建筑所在地：中国上海市静安区中兴路。

◉ **项目特点**

1）立体发车

上海长途汽车客运总站的立体交通分为三层，即地下一层、地面两层。地下一层为下客区及车库，乘客下车后可直接换乘火车、轨道交通；地面一层为上下客区，以车行为主；地面二层为上客区，以人行为主。

2）功能综合

上海长途汽车客运总站包括候车室、行包房等客运设施，停车场、车辆清洗间、修理间等机务设施，商业设施和 27 层的驾驶员行车公寓，已经形成了一个枢纽型、功能型、综合型的客流集散地。

①—⑤ 资料来源：现代设计集团华东建筑设计研究院有限公司工程项目。

1 上海长途汽车客运总站实景

2 上海长途汽车客运总站东立面图

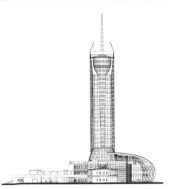

3 上海长途汽车客运总站总平面图

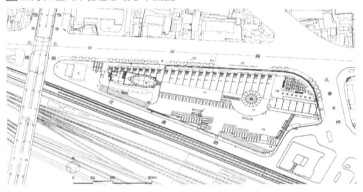

4 上海长途汽车客运总站一层、二层平面图

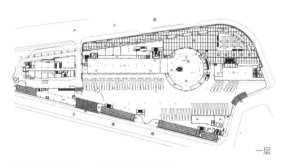

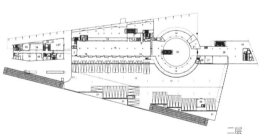

5 上海长途汽车客运总站剖面图

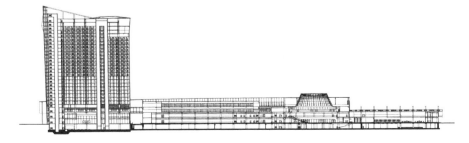

1.3.4 广州海珠客运站

海珠客运站位于广州市海珠区南洲路,东邻广州大道、洛溪大桥、南环高速和番禺区;西接南洲公交主枢纽、工业大道;北接东晓路、海珠区大型居住板块和内环路;南临珠江主航道。设计力求集建筑艺术与现代科技于一体,建设一个高科技、智能化、生态化、人性化完美结合的新型公路客运站场。经营线路通达粤东、粤西及珠江三角洲地区,并辐射至湘、鄂、赣、闽、浙、桂等省区。实例参见 ①—⑤。

⊙ **建设概况**

建筑设计:广州珠江外资建筑设计院有限公司;

建筑面积:7 132 m²;

建成时间:2003 年 1 月;

建筑所在地:中国广东省广州市海珠区南洲路。

⊙ **项目特点**

1)生态站场

海珠客运站生态站场系统由五个子系统组成,包括气环境系统、声环境系统、水环境系统、能源环境系统、光环境系统,共同构成海珠站完整的生态体系,使海珠客运站成为名副其实的全国首个生态客运站。

2)城市文脉

广州被认为是千年不衰的东方古港,四面环水的海珠区仿佛是飘浮在珠江上的航船。作为城市的门户,客运站具有重要的象征意义。从高空俯瞰,它像飘逸在珠江畔的一片绿叶;从侧面看又似荡漾在碧波上的一叶轻舟。它有如展翅欲飞的"船屋",象征着广州历史悠久的"海文化",延续了岭南建筑精巧灵活的地域特征。

海珠客运站造型简洁、比例协调、尺度适当,运用现代材料组合和细部精巧构件来表达现代交通建筑的特征。深远的挑檐板、纤细的立柱、柔美的不锈钢装饰线条、大面积的通透点式玻璃幕墙及大跨度结构钢桁架,使客运站具有"通、透、亮"的建筑风格。这样一个开放、动感十足的建筑物,充分体现了当地的气候条件、自然特征及其所处时代的精神。

①—⑤ 资料来源:黄捷,董晓文. 生态站场:广州海珠客运站设计 [J]. 新建筑,2004(01).

1 广州海珠客运站总平面图

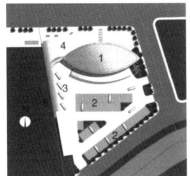

1. 客运大楼
2. 停车场
3. 落客区
4. 站前绿化广场
5. 架空外廊

2 广州海珠客运站鸟瞰图

3 广州海珠客运站剖面图

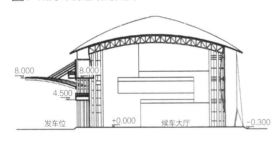

4 广州海珠客运站平面图

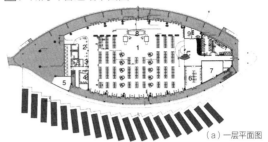

（a）一层平面图

1. 候车大厅
2. 站务服务部
3. 员工休息处
4. 调度室
5. 行包管理
6. 子母候车室
7. 空调机房
8. 综合服务台
9. 医务

（b）二层平面图

1. 业务部
2. 客运部
3. 结算中心
4. 风机房
5. 超市
6. 仓库
7. 旅客餐厅
8. 电子显示屏

（c）三层平面图

1. 设施用房
2. 平台
3. 办公室
4. 总经理室
5. 会议室
6. 档案室
7. 工程部
8. 预留
9. 驻站办公室

5 广州海珠客运站立面图

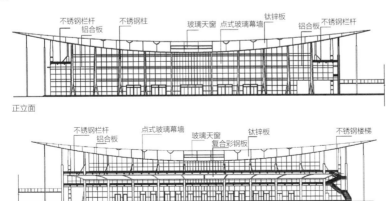

正立面

背立面

1.3.5 江门汽车总站

江门汽车总站位于江门市新的政府行政中心——北新区内，贯通区南北的城市主干道江沙路与沟通东西的北环路的交会处，对内、对外联系便捷。实例参见 ①—④。

⊙ **建设概况**

建筑设计：华南理工大学建筑设计研究院；

建筑面积：16 316 m²；

建成时间：2007 年；

建筑所在地：中国广东省江门市蓬江区建设三路。

⊙ **项目特点**

1）功能分区明确

根据使用要求进行合理的功能分区：一是由客运主站房、公交到站、社会车辆及出租车停车场、站前广场等组成的主站房区；二是客运调度指挥中心区；三是由驻车场、附属用房组成的长途汽车活动区。规划将主站房设于用地中部，其东北为公交车场，东南为出租车及社会车辆停车场，另设出租车停靠线。

2）体现城市文脉

考虑到基地东侧为 40 m 宽的江沙路、南面为 50 m 宽的五环路，视野十分开阔，将主站房的屋盖尽量水平延伸，并与信息中心的钟塔形成面与线、水平与垂直的对比。沿江沙路形成简洁明快的柱列，使整体形态充满韵律和节奏感。柱顶的伞状钢撑使屋面更为轻巧舒展。巨大波浪状的飘篷具有极强的标志性与引导性，突出侧墙的屋面板、两端的角柱及其上部屋盖的圆洞，打破对称的呆板，整体造型明快而有趣味性。

同时，设计力求将技术与形式融合，大胆采用现代科技和材料，充分利用光、玻璃、金属等材料创造一个流畅明快、简洁大方的"都市之门"，体现时代精神，实现交通运输行业在诸行业中的特殊影响。

①—④ 资料来源：王国光，曾克明，朱雪梅. 江门长途汽车客运站设计研究 [J]. 广东工业大学学报，2005（04）.

1 江门汽车总站总平面图

2 江门汽车总站效果图

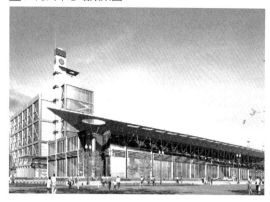

3 江门汽车总站平面图

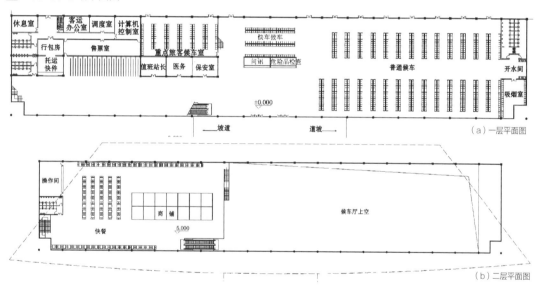

4 江门汽车总站剖面图

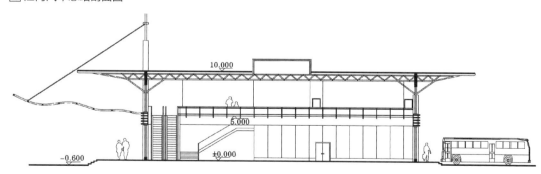

1.3.6 杭州东站

杭州东站是集铁路、地铁、磁浮及各类城市交通于一体的特大型交通枢纽站，也是全国重点建设的九大铁路枢纽车站（北京南站、武汉站、上海虹桥站、新广州站、南京南站、新郑州站、西安北站、新成都站、杭州东站）项目之一。实例参见①—⑥。

◉ **建设概况**

建筑设计：中南建筑设计院股份有限公司；

建筑面积：310 187 m²；

建成时间：2012 年；

建筑所在地：中国浙江省杭州市上城区全福桥路。

◉ **项目特点**

1）功能分区立体化

五个功能区：10.000 m 标高层为出发层，设有广厅、商业服务区及候车厅。广厅位于大跨度轻钢网架屋盖下，与站台之间形成共享空间。旅客经安检进入广厅后可自由进出候车厅，也可通过绿色通道直接进入站台层。候车厅两侧分别设置团体候车室、母婴候车室、软席候车室等服务设施。

±0.000 m 标高层为站台层，设有进站厅、换乘厅、售票处、贵宾候车室及行包房等。贵宾候车室设有专用车道，可直接进出站台。

−10.250 m 标高层为到达层，设置地下出站厅、换乘厅、地铁出入口及联系东西广场的自由通道。在此设有部分下进的候车厅，以减少中转旅客的换乘距离，同时缓解东西两端换乘厅的交通压力。

−18.050 m 标高层为地铁站厅层，在到达层的中央设有 2 个地铁出入口，并与地铁站厅的非付费区相联系，在付费区有 4 个出入口与下层的地铁站台相联系。

−23.700 m 标高层为地铁站台层，采用双岛四线同台换乘。

2）形式与空间完美融合

杭州是国家历史文化名城和著名的风景旅游城市，以美丽的西湖山水和壮阔的钱塘江大潮著称于世。位于杭州市以东、紧邻钱塘江的杭州东站，传承了杭州"精致、和谐"的悠久历史，面向"开放、大气"的美好未来。站房主体建筑流畅而充满活力的形态，有着钱塘江大潮一样的动感，呈现出交通建筑的特征。灵活、简洁、抽象的建筑形体，清晰地表达出大空间体系的结构逻辑。在这里，建筑形式力求与空间完美融合，由外而内浑然一体，努力营造全新的空间体验。

①—⑥ 资料来源：李春舫，袁培煌. "文化性"在大型交通枢纽站设计中的体现：从郑州东站到杭州东站 [J]. 建筑学报，2009（04）.

1 杭州东站鸟瞰图　　　2 杭州东站立面透视图

3 杭州东站候车大厅

4 杭州东站地面总平面图

5 杭州东站出站层平面图

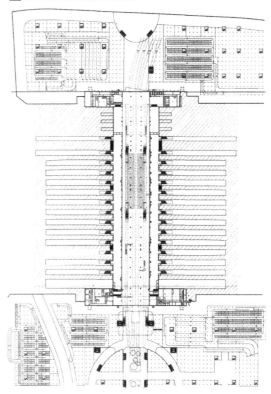

6 杭州东站剖面图

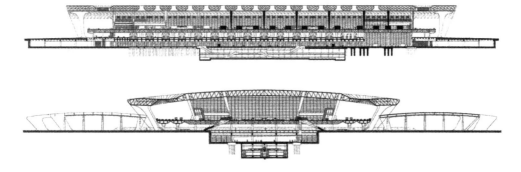

1.3.7 上海港国际客运中心

上海港国际客运中心是上海市邮轮经济总体发展规划的重要组成部分，是一个集客运、办公、休闲等现代都市功能于一体的建筑群。它坐落在黄浦江金三角的北外滩地区，北靠东大名路，西接虹口港，东邻高阳路，南临黄浦江。中心主体包括 880 m 国际客运码头、客运综合大楼，以及 3 个 7 万 ~ 8 万 t 级的国际大型邮轮泊位。实例参见 ①—⑦。

⊙ 建设概况

建筑设计：美国 Francis Repas 建筑师事务所、美国 Weidlinger Associates 结构工程设计事务所、

英国 Alsop 建筑设计事务所、上海中交水运设计院、上海隧道工程轨道交通设计研究院、

上海电力设计院有限公司等；

建筑面积：400 000 m² （其中地面建筑面积 160 000 m²，地下总建筑面积 240 000 m²）；

建成时间：2006 年；

建筑所在地：中国上海市虹口区东大名路（北外滩吴淞口地区）。

⊙ 项目特点

1）城市设计兼顾全局，和谐景观

总体布局在纵向上以地面与地下两个标高上的发展平台逐步展开；横向上由 170 m 宽的沿江中央绿化带分为东、西两部分，西区是旅客出入境场所和海关、边检等政府职能机构的所在，东区包括宾馆、办公和商业等功能的综合配套项目。东区分为南北两排建筑，前排建筑两端低中间高，后排是东、西高中间低，一正一反的两条弧形天际线，凝聚成黄浦江边优美的硬质景观，犹如一种地景装置从江边繁茂的绿地中生长出来。

景观设计着重处理看与被看的关系，建筑物中有最大的观江视野，建筑本身也是江边景观的亮点。

2）交通与流线设计承上启下，方便快捷

道路交通系统布局以加强内部功能组织和便利内外交通联系为原则。采用人车分流的方式，通过上下分层的方式组织车行交通，避免机动车行驶对地面环境的影响。主要车流安排在地下的二层和三层，严格划分步行与车行区域，通过干线连接整个基地，并设有多个出入口与地面相连。地下通过立交组织内部交通系统，并布置停车，连接各个建筑物。

3）进出关流线设计快捷顺畅

客运中心的地下一层为换票等候大厅，连接公共通廊与出境卫检大厅，最大设计容量可接纳同时停靠的三艘母港邮轮的客流量。它同时又是多功能空间，在船运间歇期可作展览或其他商业用途。换票区通过中庭与空中的桥梁，经 X 线检区、安保区、金属测试区，通向边检大厅。边检大厅由等候区及 21 条出境通道组成，与登船平台有通道相连。入境游客可通过 21 条入境边检通道，经卫检区域乘自动扶梯到达位于地下二层的行李大厅。

①—③资料来源：裴黎红，范亚树. 江畔跃水滴，地下展通途——上海港国际客运中心建筑设计 [J]. 建筑知识，2010（11）.
④—⑦资料来源：董晓霞. 水滴跃出浦江：上海港国际客运中心建筑设计 [J]. 时代建筑，2009（11）.

1 上海港国际客运中心地下一层大厅及车道

2 上海港国际客运中心候船廊

3 上海港国际客运中心实景

4 上海港国际客运中心总平面图

5 上海港国际客运中心地下一层平面图

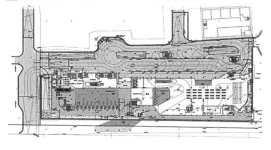

6 上海港国际客运中心地下二层平面图

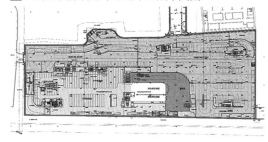

7 上海港国际客运中心剖面图

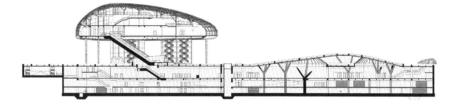

1.3.8 上海浦东国际机场

上海浦东国际机场是亚太地区的国际枢纽机场，位于长江出海口的浦东新区滨海地带，面向太平洋，24小时开放。机场距上海市中心30 km，距虹桥机场40 km，交通便捷，有高速公路和地铁2号线与市区及虹桥机场相连。两个机场一东一西，遥相呼应，对上海的城市交通规划十分有利。实例参见 1—6。

◉ **建设概况**

建筑设计：现代设计集团华东建筑设计研究院有限公司；

建筑面积：T1航站楼280 000 m²，T2航站楼488 000 m²；

建成时间：T1航站楼1999年，T2航站楼2008年；

建筑所在地：中国上海市浦东新区迎宾大道。

◉ **项目特点**

1）一体化航站楼和交通中心

总体规划采用集中的航站区布局加卫星指廊的模式，即3幢航站楼主楼环绕轨道交通布局，形成一个集中的陆侧区域；以轨道交通车站为核心，结合西侧原有停车楼和东侧规划停车楼，有序管理各式车辆。

2）人—建筑—环境和谐共存

航站区的环境设计充分体现人、建筑、环境和谐共存的原则。在进入航站区的高架桥两侧，各布置了一条宽50 m的绿化带，旅客进入机场就像进入一座大花园，赏心悦目。整个航站区均布置有大量的绿植，不同造型、高低错落的绿化景观把自然美带给航站楼室内空间。400 m×400 m方形的景观水池，使人们经过水池上的弧形高架桥时，感受到整个航站楼展翅欲飞、刚健有力的气势。6 m高的景观墙把航站区内外、机坪内外分隔开来。景观墙的表面是经过处理的混凝土粗糙墙面，采用垂直绿化，构成一道绿色屏障。

3）鲲鹏展翅：结构之美

T1航站楼的立面造型由四个曲线状的屋面构成空间组合，塑造出海鸥展翅欲飞的形象，预示着21世纪上海经济的腾飞，给人以强烈的震撼。整个屋架和玻璃幕墙的基座是清水混凝土，局部干挂烧毛花岗石，有一种粗犷、自然的品质，形成与周围环境共生的感觉。它与精细的、工艺化的玻璃幕墙和屋面形成鲜明对比，产生碰撞，激发出美感，也形成独有的魅力。

T2航站楼的巨型屋面呈连续的波浪形，平面采用18 m×18 m柱网，以"Y"形分叉钢柱形成9 m跨距的屋面钢梁和幕墙立柱，以及3 m×1.2 m的玻璃幕墙基本单元。四周墙面多为巨幅落地玻璃，视野开阔，室内外空间获得更多的交融。T2航站楼以航站区对称布局为出发点，通过曲线屋面与一期航站楼协调呼应，共同构成浦东机场的门户形象。

1、3—6 资料来源：郭建祥. 比翼齐飞：记浦东国际机场二期工程建筑设计 [J]. 建筑创作，2006（04）.

2 资料来源：刘武君. 上海浦东国际机场规划设计 [J]. 时代建筑，1998（01）.

1 上海浦东国际机场总平面图

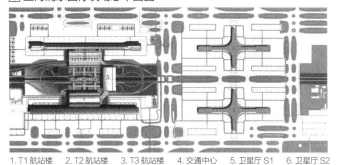

1. T1 航站楼　2. T2 航站楼　3. T3 航站楼　4. 交通中心　5. 卫星厅 S1　6. 卫星厅 S2

2 上海浦东国际机场各功能分区用地规模

序号	分区	近期用地（m^2）	远期用地（m^2）
1	飞行区	320	1 600
2	航站区	181	510
3	货运区	52	210
4	机务区	75	220
5	工作区	240	550
6	其他	140	110
合计		1 008	3 200

3 上海浦东国际机场鸟瞰图

4 上海浦东国际机场航站楼实景

5 上海浦东国际机场航站楼剖面图

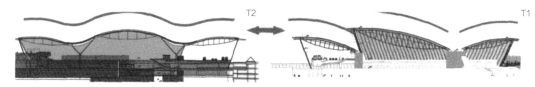

6 上海浦东国际机场二期平面图

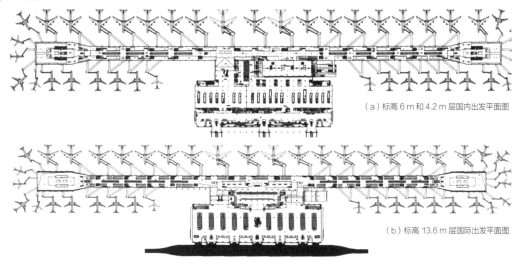

（a）标高 6 m 和 4.2 m 层国内出发平面图

（b）标高 13.6 m 层国际出发平面图

1.3.9 圣地亚哥－德孔波斯特拉巴士总站

随着高铁进入西班牙圣地亚哥－德孔波斯特拉，原有的火车站成为了多式联运站。铁路、巴士等各种不同的公共交通出行方式在此实现联动，人们可以快速高效地往来于市中心和城市各个角落的火车站，这里迅速成为城市及周边地区公共交通的核心节点。实例参见 ① — ⑩。

⊙ **建设概况**

建筑设计：IDOM 设计咨询公司；

建筑面积：8 870 m²；

建成时间：2021 年；

建筑所在地：西班牙圣地亚哥。

⊙ **项目特点**

1）在城市边缘构筑与远、近环境的关系

圣地亚哥－德孔波斯特拉巴士总站成为了一个可以俯瞰周边环境的观景台。该建筑的中心区域"悬浮"于空中，两侧巨大的悬挑"羽翼"为一层的装载区抵御了恶劣的天气。

2）被动系统下的可持续性

天窗沿着大型屋顶"羽翼"的长轴排布，使自然光可以抵达内部空间。屋顶伸出的部分避免了猛烈的阳光直接照射进入车站内部，这样的设计减少了建筑中空调系统的使用。冬季，建筑则使用了生物质发热锅炉可持续地产生热量。

① **场地横切断面**

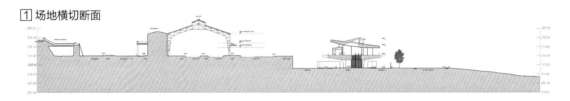

② **鸟瞰图**

① - ⑩ 资料来源：https://www.gooood.cn/bus-station-integrated-in-the-santiago-de-compostela-intermodal-station-by-idom.htm.

③ 透视图

④ 主入口透视图

⑤ 停车港平面流线图

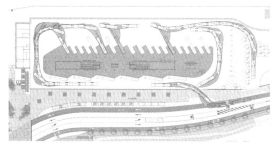

⑥ 旅客服务区平面图

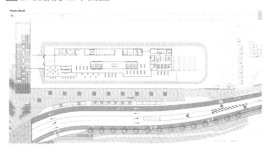

⑦ 纵切剖面图

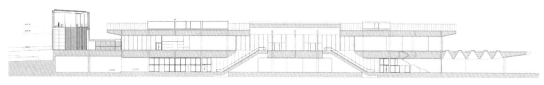

⑧ 横切剖面图

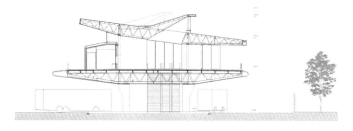

⑨ 室内效果

⑩ 候车雨棚与发车位

1.3.10 海牙中央车站转型改造项目

海牙中央火车站位于城市心脏地带，明亮、宽敞，具有极高辨识度。相比 20 世纪 70 年代建成的混凝土老火车站，新火车站被称赞为"玻璃火车站——光的教堂"。新火车站与市内快速交通网络连接，推出了 6 条重要的国际线路，联系了巴黎、鹿特丹、乌得勒支、阿纳姆、阿姆斯特丹老城以及布雷达六个城市。实例参见 ①—⑦。

⊙ 建设概况
建筑设计：Benthem Crouwel 建筑事务所；

建筑面积：20 000 m^2；

建成时间：2016 年；

建筑所在地：荷兰海牙。

⊙ 项目特点
1）城市屋顶广场

两个足球场大小的主屋顶由优雅的八根立柱结构支撑。120 m 长，90 m 宽，距离地面 22 m 的屋顶主要材料为玻璃。新火车站不仅是一个供居民出行和上班族乘车的地方，还像一个城市屋顶广场。在车站内部，所有的交通形式（火车、电车和公共汽车），以及零售和餐饮区域都一目了然。设计为各种交通方式提供了自然和灵活的组织方式，同时有多条路线运行，每一位旅客或路人都能找到属于自己的路线。新火车站成为了一个具有重大意义的公共空间。

2）被动系统下的可持续性

屋顶和四个主要入口都采用了菱形这一设计要素。当阳光照射在菱形面板的玻璃屋顶上，车站内部会形成壮观和戏剧化的光影效果。当气温升高时，菱形的窗户会自动打开通风，既保证了太阳能的获取与利用，还有助于音响效果和消防排烟。

① 剖透视图

① —⑦ 资料来源：https://www.archdaily.cn/cn/782864/hai-ya-zhong-yang-che-zhan-zhuan-xing-gai-zao-xiang-mu-benthem-crouwel-architects?ad_source=search&ad_medium=projects_tab.

2 夜景透视图

3 鸟瞰图

4 各层平面图

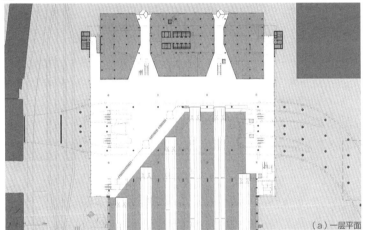

（a）一层平面

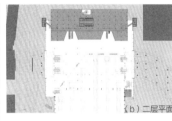

（b）二层平面

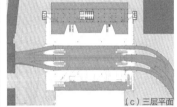

（c）三层平面

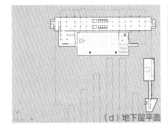

（d）地下层平面

（e）五层平面

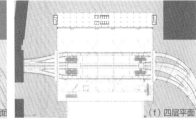

（f）四层平面

5 剖面图

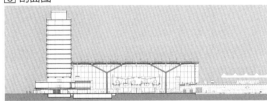

6 立面图

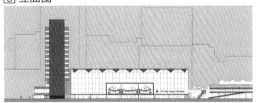

7 室内效果图

1.3.11 哈拉曼高铁站

哈拉曼高速铁路长 450 km，连接了沙特阿拉伯的四个主要城市麦加、麦地那、吉达和阿卜杜勒国王经济城。作为通向每个城市的门户，沿线的 4 个车站采用了以当地传统建筑为灵感的设计，为日照强烈的城市提供了荫蔽的空间，同时也为沙特阿拉伯的可持续运输系统创造了新的核心基础设施。实例参见 ①—⑥。

◉ **建设概况**

建筑设计：英国福斯特建筑事务所（Foster + Partners）；

建筑面积：459 797 m²；

建成时间：2019 年；

建筑所在地：沙特阿拉伯吉达、阿卜杜勒国王经济城、麦加、麦地那。

◉ **项目特点**

1）模块化建造

哈拉曼车站以从大厅升起的一系列 25 m 高的拱门为特色，辅以 9 m 高的站台小拱门。拱门由钢柱和拱构成的独立式树状结构支撑，分布在 27 m 的方形网格上，相互连接形成灵活的拱形屋顶。设计按照伊斯兰建筑风格设计，用独立式构架支撑。每个车站的拱顶选用了不同的延伸方式，以呼应不同的城市身份。

拱形屋顶和墙壁上设有小型孔洞，在中央大厅投下光束，在控制强烈眩光的同时创造出一个安静、明亮且具有独特氛围的环境。悬挂在拱顶之间的环形大吊灯提供了重点照明，平衡了屋顶与大厅层之间的尺度关系，同时凸显出建筑结构所包含的韵律。

2）被动系统下的可持续性

可持续性是贯穿该项目的一个重要主题。车站建筑是基于毡层降温的原则进行设计的——环境温度从车站外部到站台层逐渐降低，并且无需机械化的整体制冷系统。车站内的温度保持在 28 ℃，站台设有大型风扇和喷雾装置，有助于保持空气凉爽。环绕着玻璃立面的镂空屏墙也能够降低室温，乘客们还可以透过它瞥见户外的景象。

---

① —⑦ 资料来源：https://www.zhulong.com/bbs/d/41339481.html?tid=41339481.

1 吉达车站模型

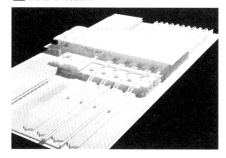

2 哈拉曼高铁站室内效果图

3 吉达车站透视图

4 吉达车站站台层平面图

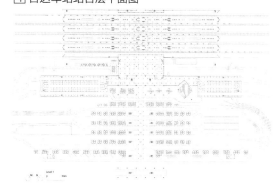

5 吉达车站候车层平面图

6 吉达车站剖面图

1.3.12 苏澳高速公路休息区及服务区

苏澳高速公路休息区与服务区为联系中国台湾北部与花东的重要交通枢纽，设计将基地定位为一个速度的转换站。直线代表速度，弯曲代表放慢速度，基地周边可以看山、望海、观溪，山、海、溪流的意象都是曲线，设计以曲线作为最核心的建筑语汇。实例参见 ①—⑥。

◉ **建设概况**

建筑设计：翁祖模建筑师事务所；

建筑面积：11 715 m²；

建成时间：2021 年；

建筑所在地：中国台湾宜兰苏澳镇苏新路。

◉ **项目特点**

1）曲折线的有机建筑

休息站内的道路规划，均呈弯曲的曲线，可以驻足观赏、漫步游园，不必赶时间走直线。设计将过去直线量体的休息站建筑改为曲折线的有机建筑，无法一眼望穿，必须慢慢体会，像是一名舞者的裙摆，在跳跃的瞬间，充满着富有张力的曲线美。

站体建筑的户外坡道设计，让游客可以沿着地面斜坡，蜿蜒漫步上屋顶，在屋顶感受山川美景。这是一个可以在田野间漫步徐行的空间，游客在此转换心情，切换到慢生活的步调。

2）洗手间的规划

设计将镜面不锈钢融入三角形，取代传统洗手台的方形镜面。洗手时，可以看见天空、地面，以及人的反射；到了夜间，镜面在光线反射下，同样璀璨亮眼。

① 全景鸟瞰图

2 近景鸟瞰图

3 透视图

4 各层平面图

（a）一层平面

（b）二层平面　　　　　　　　　　　（c）屋顶平面

5 纵向剖面图

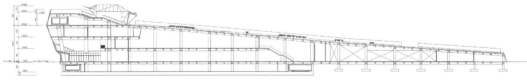

6 厕所细部效果图

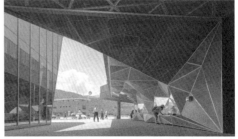

1.3.13 布里斯班渡轮码头

2011 年，布里斯班遭遇的洪水摧毁了原先的渡轮码头，也给河流沿岸带来了大范围破坏。政府以此为契机，组织了一项国际设计竞赛，寻求这一难题的韧性解决方案。Cox 建筑设计事务所与 Aurecon 工程咨询公司合作赢得了竞赛。他们设计了一个高度可识别的码头网络，既能迅速应对洪水袭来，又能提升河流旅行的体验，为布里斯班建造可持续发展且交通便利的新世界城市作出了贡献。项目以其对渡轮基础结构的重大创新，赢得了2017 年度澳大利亚优秀设计奖和英国土木工程师协会卓越级 Brunel 奖章。实例参见 ①—⑥。

◉ **建设概况**

建筑设计：Cox 建筑设计事务所；

建成时间：2014 年；

建筑所在地：澳大利亚布里斯班。

◉ **项目特点**

1）新弹性基础结构

三种弹性机制整合为综合响应系统。第一项是位于上游方向的独立凸式码头，代替了过去围绕码头的多个凸式码头停靠位，它主要起防御作用，可应对洪水时杂物和船只对码头的冲击。第二项机制是装有浮选槽的舷梯通道，洪水泛滥时可从连接销钉上脱离、旋转，让水面漂浮杂物通过；洪水退去后，舷梯会自动转回原位。第三项机制是将浮桥建设为船形，使其在洪水中阻力减小，能够偏转水面杂物的冲击。同时，新的码头设计也能加强公众与河流的接触，并为有障者提供便利。这是世界上第一个舷梯系统，由一系列悬垂地板平台构成，适应潮汐变化，可在任何时刻旋转至合适坡度。

2）漂浮公共空间

设计将等待区直接设在水上，提高了登船效率，创造出新的漂浮公共空间。砍除遮挡视线的森林后，悬挑屋顶下已成为欣赏河流全景的特别观景点。

① 鸟瞰图

① — ⑥ 资料来源: https://www.zhulong.com/bbs/d/31251113.html?tid=31251113.

②透视图

③舷梯通道

④岸边剖面

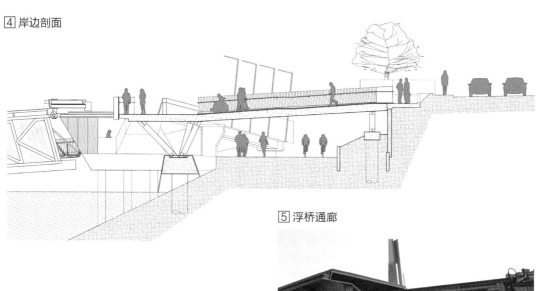

⑤浮桥通廊

⑥场地纵剖面

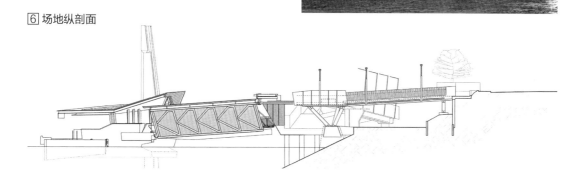

1.3.14 青岛邮轮母港客运中心

青岛市民对海的眷恋是一种根深蒂固的情结，这种情结体现在这个城市无处不在的海滨公共生活中。复合的功能使客运中心成为市民日常休闲的场所。夜晚的时候，人造光打亮建筑内部，通透的玻璃使建筑如同一个折叠灯笼照亮着周围的公共广场与绿地。实例参见 ①—⑦。

◉ **建设概况**

建筑设计：CCDI 墨照工作室，CCDI 境工作室；

建筑面积：59 920 m²；

建成时间：2015 年；

建筑所在地：中国山东省青岛市市北区青岛港旁。

◉ **项目特点**

1）功能多样性

客运中心所处的六号码头，具有结合游艇功能开发休闲娱乐公园的先天优势。商业配套和景观配套设施齐全，也可在固定展区和出入境大厅增设临时展区，为城市滨海生活增添了更多可能。

客运中心设计在南向进行了逐层退台，形成主要的室外公共平台，主要考虑到青岛冬季盛行的西北风向和场地南侧港湾的优越景观条件；北立面为了实现南北室外空间的相互贯通，只在三层设计留有少量的室外观海平台。室外公共平台为人们提供了休憩活动的场所，犹如船身的甲板一般。

2）"帆"与"坡屋顶"之韵律

客运中心的造型灵感源自帆船之都的"帆"和青岛历史建筑连绵的"坡屋顶"。钢结构外露，使结构形式本身成为了最有力的建筑立面语言；室内空间吊顶设计也尽量外露结构骨架，让人们依然能够阅读结构的逻辑和感受力学之美。

① **鸟瞰图**

① — ⑧ 资料来源：https://www.archdaily.cn/cn/874270/qing-dao-you-lun-mu-gang-ke-yun-zhong-xin-ccdimo-zhao-gong-zuo-shi-ccdijing-gong-zuo-shi?ad_source=search&ad_medium=projects_tab.

② 主入口透视图

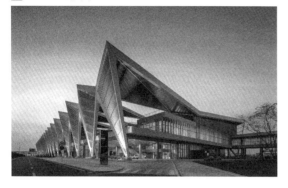

③ 建筑码头侧透视图

④ 各层平面图

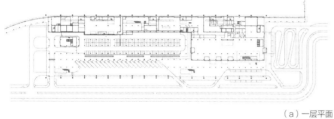

（a）一层平面

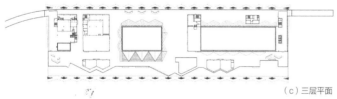

（b）二层平面

（c）三层平面

⑤ 轴测展开图

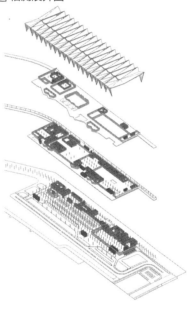

⑥ 剖透视图

⑦ 总平面图

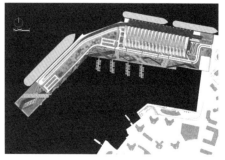

1.3.15 芬兰赫尔辛基机场扩建

赫尔辛基国际机场是芬兰的主要机场，也是北欧领先的长途机场，机场每年可接待约2000万名旅客。曾多次被国际航空运输协会（IATA）评为世界最佳或规模最大的机场之一。在2020年SKYTRAX全球最佳机场奖中被提名为北欧最佳机场。由ALA建筑事务所设计的赫尔辛基机场最新扩建部分为航空旅途带来了全新的刺激和浪漫。实例参见 ①—⑥。

⊙ **建设概况**

建筑设计：ALA建筑事务所；

建筑面积：43 000 m²；

建成时间：2021年；

建筑所在地：芬兰万塔。

⊙ **项目特点**

赫尔辛基机场屋顶看起来仿佛悬浮于空中，增加了建筑的整体韵律。新出发大厅大量使用了钢结构，形成了开敞的无柱空间和大型雨棚覆盖的入口。在室内，"等高线"形态般的预制杉木天花板增加了流动感，好似倒置的三维地图，将旅客的思绪从室内引导至跑道上方的天空。

① 透视图

① —⑥ 资料来源：https://www.zhulong.com/bbs/d/50005921.html?tid=50005921.

② 总平面图

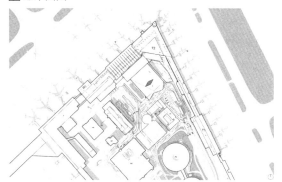

③ 鸟瞰图

④ 平面图

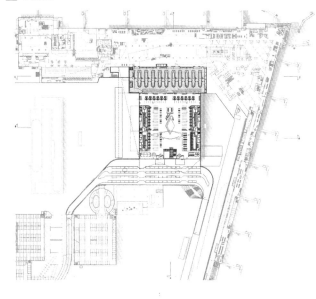

⑤ 细部

⑥ 剖透视图

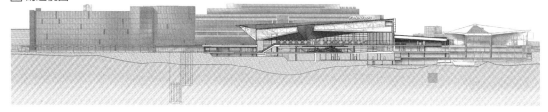

1.3.16 北京大兴国际机场

北京大兴国际机场位于北京市大兴区，距离城市中心约 46 km，乘坐特快列车从北京西站到大兴机场仅需 20 min。大兴国际机场的建立旨在缓解首都现有机场的运行压力，在满足日益增长的国际旅行需求的同时，整合国内不断壮大的交通网络。实例参见 1—8。

◉ **建设概况**

建筑设计：扎哈·哈迪德建筑事务所；

建筑面积：78 万 m²；

建成时间：2019 年；

建筑所在地：中国北京市大兴区榆垡镇、礼贤镇和河北省廊坊市广阳区之间。

◉ **项目特点**

1）指廊式布局

航站楼五个指廊从核心区延伸出来，呈放射状分布在东北、西北、东南、西南及中南轴线方向。其中东南、中南、西南三座指廊长度为 411 m，东北、西北两座指廊长度为 298 m。旅客乘机从航站楼大厅沿指廊前往最远端登机口距离在 600 m 以内，时间不超过 8 min。

2）生态技术

建筑师安装了光伏发电装置，发电量至少可达 10 MW。机场的热能主要源于余热回收，复合地源热泵系统可集中支持 250 万 m² 的供热面积。机场还配备了雨水收集和水资源管理系统，以实现近 280 万 m² 的自然水资源存储、渗透和净化功能。新增的自然湿地、湖泊和溪流不仅起到洪水防范的作用，还能抵御炎炎夏日的"热岛"效应，降低当地自然微气候的影响。

1 **透视图**

1—5 资料来源：https://www.archdaily.cn/cn/925569/bei-jing-da-xing-guo-ji-ji-chang-zha-ha-star-ha-di-de-jian-zhu-shi-wu-suo?ad_source=search&ad_medium=projects_tab.

6—8 资料来源：https://www.zhulong.com/bbs/d/50179078.html?tid=50179078.

2 总平面图

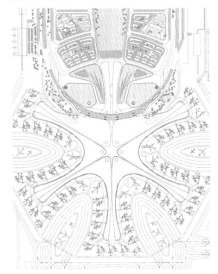

3 三层平面图

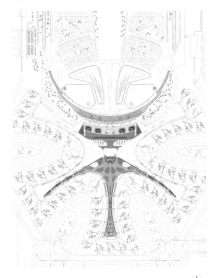

4 一层平面图

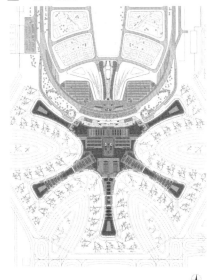

5 二层平面图

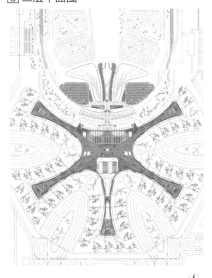

6 鸟瞰图

7 八根 C 型柱结构

8 隔震层设计

第 2 章

交通建筑设计分析

2.1 前期调研与概念设计

2.1.1 调研的步骤及方法

调研是学生加强理论与实践联系、增加设计感性认识的基础教学环节。通过进一步参与任务书的拟订，进而培养前期建筑设计策划能力。需要学生形成 5~15 人不等的小组合作进行调研（参见 ⊡ ）。

◉ **调研对象的选择**

确定调查对象，是建筑调研中一项较为重要的初始工作。首先，选取的交通建筑实例在类型、规模上要与教学设计要求相近，这样可以很好地学习、解读并借鉴；其次，选取的建筑实例要以参观、亲身体验为主，书面资料为辅。

◉ **收集相关图文资料**

调研中资料的查阅、收集和整理，是撰写调研报告的重要步骤。教师先精心挑选适合课程设计参观的建筑实例，带领学生参观讲解。同时，指导学生收集相关资料，拍摄照片，测量及绘制建筑草图，访谈现状、运营情况，并对现存问题作出相关评价等。

◉ **撰写调研报告**

加工、整理资料需要在小组成员讨论、分工协作以及理性分析的基础上进行，最终形成图文并茂的调研报告。调研报告内容应包括参观建筑所在区位、建设规模等基本概况介绍，总平面环境布局，人流、车流交通动线分析，平面功能布局分析，建筑外部立面造型及细部构造，建筑内部空间分析，访谈及设计评价等。

◉ **参与任务书的拟定**

交通建筑设计是建筑学专业学生建筑设计教程的基础课程之一。通过引导学生参与任务书的拟订，可有效提高学生自主学习的兴趣，同时有助于理解相关设计理论知识。可选取建筑实例所在的基地，通过测量绘制设计基地，在拟定好的设计任务书的大框架基础上，通过学生的前期调研细化相关功能内容等。

1 调研提纲

分 组	调研内容	成 果
总平面组 成员: 3 人	基地内: 建筑位置（退后红线）、朝向、道路、停车场（机动车、自行车）、广场、硬地、绿化、水体等; 基地周边: 道路、相邻用地性质、建筑高度、建筑风格等	总平面图; 分析图若干: 交通流线分析、景观分析、视线分析等; 设计评价（或提出改进方案）
平面组 成员: 2 人	大空间平面布置（门厅、共享空间、报告厅、多功能厅、舞厅等）; 走廊、楼梯宽度（单面走廊、双面走廊、主要楼梯、景观楼梯、疏散楼梯等）; 卫生间平面布置	各层平面图（其中包括大空间及卫生间的平面布置）; 分析图若干: 功能分区、流线分析等; 设计评价（或提出改进方案）
立面组 成员: 2 人	建筑入口、檐口、勒脚、窗等细部处理; 建筑材料、色彩; 不同体量之间的转换等	建筑整体及细部立面; 分析图若干: 立面构成关系（点、线、面、虚实）、立面色彩关系、立面材料应用、建筑体量关系等; 设计评价（或提出改进方案）
剖面组 成员: 2 人	大空间的层高及地坪升起（门厅、共享空间、报告厅、多功能厅等）; 室内外高差的处理; 层高——通过楼梯踏步计算; 不同层高的转换等	建筑剖面图; 大空间剖面图; 设计评价（或提出改进方案）
结构技术组 成员: 2 人	结构类型（砖混、框架、钢结构等）; 大空间结构形式; 基本柱网尺寸; 设备用房的位置及面积（空调机房、配电间、水泵房、消防控制室等）	结构体系示意图; 大空间结构形式示意图; 设备用房分布图（注明面积）
问卷组 成员: 2 人	到达方式（自行车、步行、驾车、班车）; 经常使用的功能; 需要增加的功能; 对建筑外部造型和内部空间的评价等	各种功能利用率评价; 设计建议（包括增加功能、建筑外形、内部空间等）
对比分析组 成员: 2 人	选择 3~4 处国内外同类型建筑实例进行对比分析，可以从以下几方面入手: 建筑背景（建造年代、设计师等）; 建筑规模（用地面积、建筑面积、使用人数）; 功能布局（类型、面积、楼层）; 交通组织（流线组织、停车位等）; 建筑设计手法（外形及内部空间）	比较: 建筑规模、建筑功能、各类用房面、停车位数量等对比分析（可以设计成表格的形式）; 结论: 建筑规模与使用人数之间的合理比例; 归纳出主要功能分类及几种交通流线组织形式; 国内外大学生活动中心的设计趋势等

2.1.2 基地分析

交通建筑的选址、对基地条件的分析尤为重要，直接关系到交通流线组织的合理性以及建筑设计功能布局的可行性。

⊙ **基地条件分析**

基地自身的形态和条件是制约设计形态自由发展的因素。同时基地所处的地理位置、人文环境，基地本身的景观、日照、地形、地貌等也为设计提供了必要的线索，使交通建筑成为特定条件下的必然产物。基地分析包括自然条件分析和人文条件分析。

1）自然条件

基地自然条件包括景观、日照、地貌条件、坡度、形状等。景观分析主要是对基地地形图的仔细分析和标注，以及进行现场勘察；可借对景、借景等手法充分利用环境因素。日照对交通建筑设计的影响有两方面：一方面影响其功能空间布局，另一方面影响建筑造型设计。若能把阳光作为建筑塑造中的动态造型元素，有利于建筑设计细部的深入。地貌条件包括基地上建筑物、树木、植物、石头、池塘等现存的物质因素，这些条件通常限定了交通建筑平面的形状和布局，需要在地形图上作出详细的标定，以便设计的深入和完善。坡度会对停车场选址、停车方式、道路以及建筑选位影响较大。基地形状极大地限制着停车场选址和建筑平面形态的发展。

2）人文条件

基地人文条件包括文化取向、文脉与风格、地方性法规和条例等。对地方建筑传统的深入了解和仔细研究，有利于形成建筑的地域性特征。地方性法规和条例是地方管理机构对建筑形式、构建方式、基地使用情况所规定的某些限制。

⊙ **基地动线分析**

所谓动线，就是指人流及交通工具（如车、船、飞机等）的运动轨迹。基地的动线分析对交通建筑设计尤为关键。通过分析可以具体把握基地周围和基地内部人及车的运动速度、路线和方式，对建筑入口、停车场的位置和停车方式的选择，以及建筑造型重点的选定具有非常重要的作用。

1）基地周围动线

基地周围的交通方式和动线特征是基地周围动线分析的重点。首先，需要对基地周围的道路情况进行标注，并且对不同宽度和通行等级的道路进行分类，确定人和交通工具从外界进入的最佳通达方式。交通建筑的车辆出口不宜选择在车速快、交通量大的城市道路上。其次，从外界进入建筑的方式影响着具有主要表现力的建筑体量和建筑形态（参见[1]）。

2）基地内部动线

基地内部的动线指在基地范围内使用者和交通工具可能的运动轨迹。使用者包括乘客、内部办公人员、服务人员等，他们使用建筑时往往有不同的动线和出入口，同时基地内交通工具的动线、行驶速度、转弯半径、车道宽度等也需仔细考虑（参见[2]、[3]）。

[1] 学生唐静燕作品.
[2] 资料来源：鲍艳君. A2沪芦高速公路南芦服务区设计浅析 [J]. 中外建筑，2008（10）.
[3] 学生宋瑞绮作品.

1 北区客运站周围环境、进出站车流分析

2 沪芦高速公路南芦服务区基地内车流分析

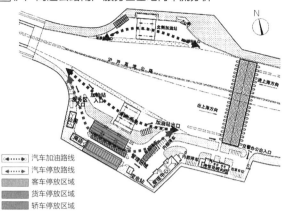

◄----►汽车	汽车加油路线
◄----►汽车	汽车停放路线
	客车停放区域
	货车停放区域
	轿车停放区域

3 上海长途汽车客运总站各层车流分析

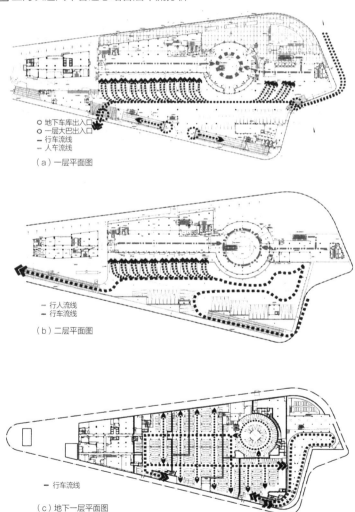

○ 地下车库出入口
○ 一层大巴出入口
— 行车流线
— 人车流线

（a）一层平面图

— 行人流线
— 行车流线

（b）二层平面图

— 行车流线

（c）地下一层平面图

2.1.3 设计构思1：从城市环境入手

在建筑设计中，立意构思至关重要，它把握建筑设计的方向，是建筑设计的第一步，也是非常重要、影响全局的一步。好的建筑设计作品总是充分发挥想象力、进行创作立意与创作构思的结果。特别是设计开始阶段的立意与构思具有开拓性，对设计的优劣、成败，具有决定性的作用。

设计构思有理性层面和非理性层面之分。大部分科学领域的研究都是通过理性思维寻求问题答案的过程，运用的方法通常不外乎演绎推理法和归纳推理法。建筑设计作为科学研究的一个分支，其研究方法也遵循这两个程序。设计构思也有非理性层面，有时突发灵感会赋予建筑设计以神来之笔。具体的设计构思方法可从城市环境、地域文化、技术生态、功能形式入手。

建筑物总是存在于既定的环境中，环境已成为建筑师构思的重要源泉之一，离开了对建筑周围环境的分析研究，建筑的创作就成了无源之水，无本之木。

⦿ **案例：上海港国际客运中心**

上海港国际客运中心的设计就是在长江入海口结合吴淞口滨江城市环境中进行构思的，设计以地面与地下两个层次作为平台逐步展开。案例参见 ①—⑦。

地面作为景观与绿化工程的建设，结合江岸以绿地为主展开景观画卷，形成城市公共绿地对外开放，为市民提供了亲水的江边休闲娱乐场所。基地内自西向东布置小体量建筑，有如跳跃的音符，高低错落，疏密得当，张弛有序，在浦江边形成优美的乐章。其中观光候船楼建筑呈水滴状，长 80.3 m、宽 34.6 m、高 29.9 m 的建筑体量，悬浮于 10 m 高度之上，使公众的视线穿透建筑可俯览黄浦江。建筑本身采用立体的流线型体型，结合全钢结构的骨架再配以透明的玻璃幕墙体系，使其犹如在空中的透明飞艇立于浦江岸边，建筑内部也有了无遮挡的景观效应。建筑面积 600 m² 的登船平台主要用作交通，功能上主要是连接邮轮的连接平台，并进行卫生检疫工作和落地签证等出入境流线上的相关海事工作。建筑设计上强调通透的视觉效果，四周均采用透明的玻璃幕墙，与环境融为一体。

将大型公共交通建筑的主体设置在地下，必然带来一系列的设计困难和建设上的制约。其建筑设计的重点是解决地下空间的布局和地下交通的组织，同时要解决好相关的建设及技术问题，如消防、节能、浦江防汛、地下室防水、建筑设备等。

①、②、④ 资料来源：裘黎红，范亚树. 江畔跃水滴，地下展通途——上海港国际客运中心建筑设计 [J]. 建筑知识，2010（11）.
③、⑤、⑦ 资料来源：https://www.archdaily.cn/cn/764186/shang-hai-gang-zong-zhan-frank-repas-architecture?ad_source=search&ad_medium=projects_tab.
⑥ 资料来源：阎宁，范晓君. 吴淞口滨江景观带概念性规划方案简介 [J]. 上海建设科技，2009（02）.

1 上海港国际客运中心城市景观全景

2 上海港国际客运中心中央公园

3 上海港国际客运中心东、西两处建筑之间的"波浪状"连桥

5 "水滴状"观光候船楼地面入口

4 上海港国际客运中心登船平台

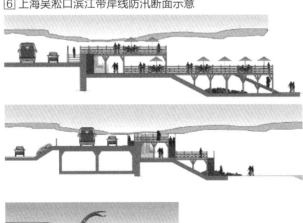

6 上海吴淞口滨江带岸线防汛断面示意

7 "水滴状"观光候船楼室内

2.1.4 设计构思2：从地域文化入手

地域性塑造了世界各地灿烂丰富、各具特点的建筑文化，建筑师需要汲取包含在"软"传统中的传统精神内涵，了解它，消化它，最后升华它。地域文化为建筑师提供了广阔的创作空间，建筑师当然也肩负着对地域文化发展和传播的历史责任。这就要求设计者抱着严肃、认真、负责的设计态度，对待和研究地域文化，"选择地继承传统，真实地反映现实"，在文化意义上，将地域文化和时代性有机地结合起来。

⊙ **设计构思方法**

1）尽量采用当地特有的建筑材料

不同地域有着不同的气候特点和自然环境特征，因此，在建筑材料的选择上也有所不同。中国幅员辽阔，不同地域的建筑材料更是千差万别。如湘西一带环境潮湿，当地盛产竹子，因此其最典型的民间建筑便是以竹为材料的吊脚楼；陕西位于黄土高原，气候干燥，当地居民以黄土为建筑材料，挖窑洞而居。当然，在城市中我们也可以借鉴当地民居建筑的材料特点，加以改进，形成自己的独特风格。

2）借鉴当地传统的建筑符号

要善于借鉴当地传统的建筑符号，如花纹等装饰图案。通过当地物质材料艺术加工而成的装饰，具有一定的语言和符号性，是一定信息的载体和功能标志，人们从建筑或室内的装饰就可以辨别出是东方或是西方的，甚至是哪个时间段、哪个地区和民族的。如清代建筑装饰中大量运用的吉祥图案，它们取材广泛，人物神仙、动物植物、自然景物都有，利用其谐音和形象，寓意和象征特定的含义。再如"洛可可"风格式样，采用贝壳形花纹、皱褶和曲线构图，装饰极尽繁琐华丽，色彩绚丽夺目，在欧洲此风格多应用于皇室贵族宅邸。

3）模拟当地的建筑色彩

生活在不同地域的人们总是根据自身对色彩的感受去理解、解释色彩的象征和意义。相同的色彩在不同地域文化里所暗示出来的意义也不尽相同，有时则是相反的，如白色在西方文化里象征着圣洁，在某些东方文化里则象征着死亡。可见，色彩所具有的文化意义远远超出了它的自然属性。象征地域文化的色彩在建筑上的运用，使得设计具有更强的归属感和识别性。例如：以红色为主调的皇城北京，以灰白为主调的江南水乡等。

⊙ **案例：新苏州站**

新苏州站（铁道第四勘察设计院和中国建筑设计研究院联合体设计）是一座集铁路、城市轨道、城市道路交通换乘功能于一体的现代化大型交通枢纽。该站是将地域文化融入设计构思的典范。建筑整体连续的菱形屋顶与结构浑然一体，粉墙袅袅伸进深灰色屋面的端头。覆盖着现代化交通建筑的大空间，层层叠叠、纵横交错，延续着古城的肌理。近人尺度的粉墙将站房各部分空间连成整体，或藏或露、或深或浅、或浓或淡，飘飘袅袅，现代化车站的宏伟壮观被融在千年古韵之中。案例参见 1 — 5 。

---

1 — 5 资料来源：李文胜，王群. 粉黛行韵流水觞，故都涅磐朝天向：苏州火车站改造设计 [J]. 建筑创作，2007（04）.

1 苏州水乡风貌

2 新苏州站区位示意

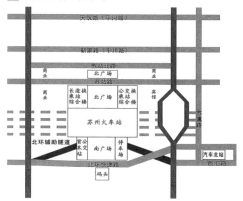

3 新苏州站透视图、剖面图

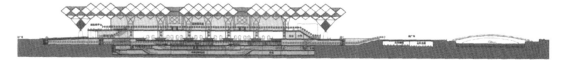

4 新苏州站室内

5 新苏州站室外小品

2.1.5 设计构思 3：从技术、生态入手

建筑结构、机电设备、建筑材料与构造等技术日新月异的进步，为创新提供了条件。设计创新建立在对原有建筑类型的深入理解之上，这于初学者更为重要。应特别关注建筑结构、生态节能技术、幕墙技术等的发展对大跨度交通建筑造型的影响。

在当今环境污染和能源危机成为全球化问题的背景下，我们不得不进一步思考：如何尽可能地节省自然资源？如何保护人们赖以生存的环境？建筑能耗占全部能耗的30%，温室气体排放占一半。如何通过生态技术这把"双刃剑"来实现人、建筑与自然三者的生态平衡及可持续发展？一种全新的生态设计理念逐渐成为建筑师追寻的方向，即探索在建筑的全寿命周期内，最大限度地节约资源（节能、节地、节水、节材）、保护环境和减少污染，为人们提供健康、适用和高效的使用空间，与自然和谐共生的建筑。

◉ **设计构思方法**

1）高端低碳建筑设计

技术层面利用可再生资源，如太阳能、风能、潮汐能等。

2）形态设计

首先要做到的就是充分了解当地气候条件和现场气象数据，掌握风、光、热的变动规律，再以建筑设计和构造手段去迎合它，控制建筑的体形系数[1]，使建筑因应当地气候环境节能，借势发力。

3）表皮设计

生态建筑表皮的本质意义在于对不利环境要素和有利环境要素的选择和离析，如"膜的效应"。表皮作为环境的过滤器，被认为是一个屏障、过滤和控制的体系。用它来调控大、小环境因素，有选择性地透过自然要素，创造宜人的室内环境。

◉ **案例：北京首都国际机场 T3 航站楼**

北京首都国际机场T3航站楼的设计方案出自英国建筑大师诺曼·福斯特之手。作为超级枢纽机场航站楼，T3航站楼的日常运营将不可避免地消耗巨大的能源。该设计从最初的构思到建筑设计各环节都努力探索各种有利于生态节能和可持续发展的设计策略。它充分利用自然采光，努力降低人工照明的消耗；在平面设计中尽量减小建筑的进深，保持建筑外表皮的开敞透明，保证在正常的情况下，大部分候机空间可以通过自然光来保持室内正常照度；设计中还取消了任何到顶的隔墙和机电设备，尽量保持室内空间的通透；将列车轨道设计在一个开放的沟壑中，采用开放的旅客捷运隧道空间，弃用封闭的地下空间；充分利用外幕墙和屋盖的遮阳处理，以减少阳光辐射对室内耗能的影响。这些设计策略都表明了建筑设计新的方向和新的变革。T3航站楼设计是有利于节能和可持续发展的绿色设计。案例参见 ①—⑦。

---

[1] 建筑的体形系数是指建筑物外表面积与体积之比，或平面周长与面积之比。体形系数是影响建筑热量得失的重要因素，建筑体形系数越大，传热损失就越大。如球体的体形系数最小，其次是圆柱体，再其次是长方体。较小的体形系数不但有利节能，还意味着潜在的围护结构建材的节约和优化。

①—⑦ 资料来源：https://www.zhulong.com/bbs/d/10019167.html?tid=10019167.

1 北京首都国际机场 T3 航站楼鸟瞰全景

2 北京首都国际机场 T3 航站楼入口处夜景

3 北京首都国际机场 T3 航站楼总平面图

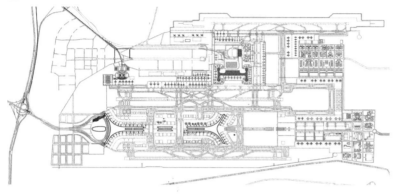

4 采光天窗下的室内吊顶

5 北京首都国际机场 T3 航站楼横、纵剖面图

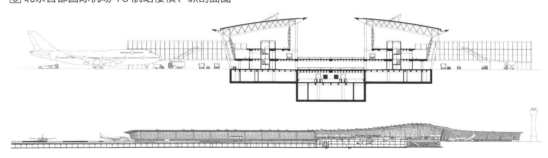

6 室内通透的玻璃幕墙自然采光

7 "龙鳞状"采光天窗

2.1.6 设计构思4：从功能、形式等入手

每一建筑都有由自身特定功能所决定的平面形式，建筑设计就是要解决好各种功能的关系，如能从功能要求来触发创作"灵感"，打破传统平面设计模式，可说是一条重要的创作构思之路。

⊙ **从功能入手**

（1）从建筑使用功能进行构思（参见 1 ）；

（2）从建筑的流线组织进行构思。

⊙ **从结构形式入手**

结构构思就是对建筑支撑体系"骨架"的思考过程，使建筑结构与建筑功能、建筑经济、建筑艺术等方面的要求紧密结合起来。它不仅能保证技术上的可靠性，而且更重要的是构成新的空间界面、空间形式、建筑轮廓，且结构本身也具有各种形式美。因此，从建筑结构进行构思在现代建筑设计中已成为重要的创作源泉之一（参见 2 、 3 ）。

（1）使结构的覆盖空间与建筑物使用空间趋于一致进行结构构思；

（2）使建筑物的空间形态与结构的静力平稳系统有机统一起来进行结构构思；

（3）将建筑的使用要求与合理的结构形式结合起来进行结构构思；

（4）从暴露结构的美学价值进行构思。

⊙ **从经济条件的制约因素入手**

经济条件始终是建筑设计的制约因素，在某种情况下，往往可能决定建筑设计的命运，经济的制约因素因此成为设计者首要考虑的问题。设计师可以通过简约的建筑形体、建筑材料选择、建造及施工等多个环节想办法。如在材料上选用廉价的混凝土，在施工上以一种模板多次重复使用、拆模后不加任何饰面，以节省不必要的成本。

⊙ **从形象的寓意象征入手**

建筑形体具有丰富的寓意象征，与地域文化有紧密联系。如北京首都国际机场 T3 航站楼从空中俯瞰犹如一条巨龙（参见 4 、 5 ）；上海浦东国际机场如鲲鹏展翅般翱翔在滨海地带；上海铁路南站如"太阳"般形成中心，配套的上海长途客运南站如"月亮"般与其保持相同弧度的造型，共同呈现出日月同辉的寓意。

1 资料来源：现代设计集团华东建筑设计研究院有限公司工程项目．

2 、 3 资料来源：李文胜，王群．粉黛行韵流水觞，故都涅磐朝天向：苏州火车站改造设计 [J]．建筑创作，2007（04）．

4 、 5 资料来源：https://www.zhulong.com/bbs/d/10019167.html?tid=10019167.

1 上海虹桥综合交通枢纽总平面——分区明确的功能布局

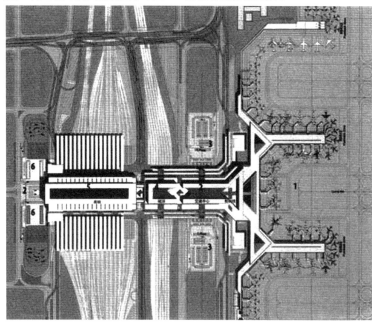

1. 机场
2. 公交车站
3. 停车库
4. 磁浮车站
5. 高铁车站
6. 地下车库

2 新苏州站结构骨架施工中

3 新苏州站屋架竣工后

4 犹如巨龙戏珠的北京首都国际机场 T3 航站楼

5 北京首都国际机场 T3 航站楼室内的中国元素

2.2 总体设计——以汽车客运站建筑设计为例

2.2.1 总平面设计的基本要求

当站级、规模、选址等确定后,总平面设计是关系到今后建成营运是否合理、管理是否方便的关键,并影响到建筑的总体特征,为建筑的主体功能分区和空间构成设定了构架(参见①)。

⊙ 符合城市规划的要求

汽车客运站属城市大型公共建筑,必须要符合城市规划的要求,与城市的发展相适应。同时,在城市规划中,亦应对公路客运站合理的总体布局予以支持。

⊙ 布置紧凑,合理利用地形,满足站务功能要求

汽车客运站一般征地较多,无论是大城市还是中小城镇,珍惜土地同样需认真执行。对于那些地形不完整的基地,布局紧凑应与合理利用地形相结合。汽车客运站在站务上有很多辅助建筑,这些辅助建筑规模一般不大,随着地形,可分可合。站务的主体部分也可随地势起伏,调整布置。

⊙ 分区明确,使用方便,流线简捷,避免旅客、车辆及行包流线的交叉

汽车客运站的总平面布局应本着功能分区合理原则,妥善安排站前广场、客运站房、停车场、附属建筑等各部分的位置,满足站务功能的要求,方便相互联系。停车场区适宜分开设置进、出站口,合理组织停车场内的各种车辆流线。

汽车客运站的总平面流线设计主要解决进出站客流、附属建筑出入人流、客运站服务人流、行包流线以及车辆的进出站流线关系等。应避免人流、车流和货流交叉混杂,力求做到路线短捷、顺畅,防止干扰,并有利于消防、停车和人员集散。

⊙ 站前广场必须明确划分车流、客流路线,停车区域、活动区域及服务区域,在满足使用的条件下应注意节约用地

站前广场的旅客人流活动区域应位于核心区域,方便到达每一个停车区,与站前广场的车辆区域合理组织,有利于人流的迅速疏散。此外,工作人员流线应尽量与旅客流线分开,并设置单独的工作人员出入口。

⊙ 合理布置绿化

利用绿化提高客运站的环境质量,减少环境污染和噪声,创造良好的视觉环境。特别是位于风景区的客运站的总体布局,更应与当地环境相协调。

⊙ 处理好站区排水、照明等

客运站的停车场地范围一般较大,特别是一级站可达数万平方米,做好竖向设计,处理好排水极为重要。另外,停车场的照明应满足足够的照度,防止发生危险,并应防止产生眩光。

1 汽车客运站用房和设施配置（选自《汽车客运站级别划分和建设要求》JT/T 200 — 2004）

			设 施 名 称	一级站	二级站	三级站	四级站	五级站
	场地设施		站前广场	●	●	★	★	★
			停车场	●	●	●	●	●
			发车位	●	●	●	●	●
建筑设施	站房	站务用房	候车厅（室）	●	●	●	●	●
			重点旅客候车室（区）	●	●	★	–	–
			售票厅	●	●	★	★	★
			行包托运厅（处）	●	●	★	–	–
			综合服务处	●	●	●	★	–
			站务员室	●	●	●	●	●
			驾乘休息室	●	●	●	●	●
			调度室	●	●	●	★	–
			治安室	●	●	★	–	–
			广播室	●	●	★	–	–
			医疗救护室	★	★	★	★	★
			无障碍通道	●	●	●	●	●
			残疾人服务设施	●	●	●	●	●
			饮水室	●	★	★	★	★
			盥洗和旅客厕所	●	●	●	●	●
			智能化系统用房	●	★	★	–	–
		办 公 用 房		●	●	●	★	–
	辅助用房	生产辅助用房	车辆安全检验台	●	●	●	●	●
			汽车尾气测试台	★	★	–	–	–
			车辆清洁、清洗台	●	●	★	–	–
			汽车修理车间	★	★	–	–	–
			材料库	★	★	–	–	–
			配电室	●	●	–	–	–
			锅炉房	★	★	–	–	–
			门卫、传达室	★	★	★	★	★
		生活辅助用房	司乘公寓	★	★	★	★	★
			餐厅	★	★	★	★	★
			商店	★	★	★	★	★

注: ● 必备 　★ 视情况设置 　 – 不设

2.2.2 总平面功能布局

总平面设计一般可从外部环境和内部功能着手分析。根据使用功能的不同，公路汽车客运站一般由站前广场、客运站房、停车场区、附属建筑等功能区组成。总平面功能布局一般为前站后场的模式，即站房前设置一定面积的站前广场，站房后部为面积较大的停车场区。各分区之间的相互联系参见 ①。

⊙ **站前广场**

作为乘客进出站和人流集散的场地，从规划角度讲，站前广场是公路汽车客运站必不可少的部分。

⊙ **客运站站房**

站区内主要建筑，是乘客完成乘车过程的主要场所，包括候车、售票、行包房、业务办公等营运用房，有些生活性辅助用房如商店、娱乐厅、司乘公寓等也设置在站房内。在一些规模较大的交通枢纽城市，客运站站房也会结合旅馆等建筑建造，方便旅客转乘和休息。客运站站房多临近道路设置，便于旅客通过站前广场直接进入站房（参见 ②）。

⊙ **停车场**

客运站总平面图上占地面积最大的部分，供客运站车辆接送旅客、停放调转和维修清洗的场地，主要包括车辆停放区、车行通道、出入口、辅助设施和绿化等部分，广义地讲也可包括有效发车位。

⊙ **附属建筑**

一般是指维修车间、锅炉房、浴室、备用发电机房、食堂、洗车设施及司乘公寓等，按不同的功能独立或组合设置，有些也可与站房组合在一起。至于加油站、加气站总图上一般不予考虑，因为站内设加油站，消防要求较高，占地较多。一般多在客运站区外单独设置，并应符合城镇规划、环境保护和防火安全的要求，选在交通便利的地方（参见 ③）。

① — ③ 资料来源：《建筑设计资料集》编委会.建筑设计资料集（第二版）6[M].北京：中国建筑工业出版社，1994.

1 总平面功能关系

2 站房功能关系

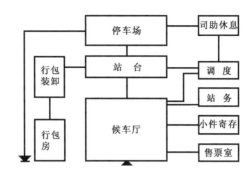

3 淮安汽车客运站总平面图

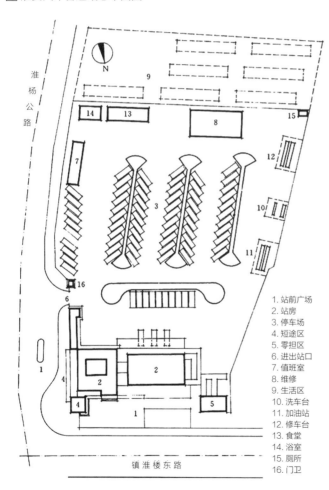

1. 站前广场
2. 站房
3. 停车场
4. 短途区
5. 零担区
6. 进出站口
7. 值班室
8. 维修
9. 生活区
10. 洗车台
11. 加油站
12. 修车台
13. 食堂
14. 浴室
15. 厕所
16. 门卫

2.2.3 交通体系与景观环境

◉ 交通体系

1) 车行系统

合理、简捷、高效的交通体系布局是汽车客运站建筑设计的关键。汽车客运站的交通体系布局中与城市规划直接发生关系的是进出车的通道。一、二级站由于班次较多，进出站车辆较频繁，规定将进站口、出站口分别设置。为了避免与城市交通有过多的交叉，一般出站口安排在次干道上右转弯上路较好。三、四级站因班次较少，在基地面积、地形等受限制时，当停车场停车数不超过 50 辆时，则可设一条通道作进出车之用。

当基地处于城市干道转角时，应按 ① 的要求设置进出站口，避免与城市转角处过多的机动车流短距离内相遇。出于安全需要，应该在设计中加以注意。处于干道一侧时，则应按 ② 的要求设置进出站口，② 中所示公园、学校、托幼及市内公交站均为人员密集、孩子众多之处，如离车辆进出较频繁的进出车引道太近，安全问题不易得到保障，且给行人也带来诸多不便，在交通体系布局时应考虑这些要求并予以解决。

2) 人行系统

人行交通系统主要集中在站前广场。设计原则是便捷人流疏散，避免与车行系统交叉。

◉ 景观环境

1) 绿化

汽车站站前广场要与城市设计相结合布置一定的绿化，包括草坪、花坛、灌木和乔木（参见 ③）。绿化的存在，会为心焦气躁赶车的旅客带来心理的舒适感，改善站前广场的嘈杂，在满足城市绿化要求的同时，成为有吸引力的城市居民公共活动场所。

在停车场的周围，应该种植具有庞大树冠的树木，这些树木不但能够用它们的树冠遮蔽停车场，而且还有利于美化停车场的环境，起到净化空气和降噪的功能，减小停车场对周围建筑物的影响。在场地允许的条件下，绿化还可以作为停车场的隔离带布置，既能有效分隔停车空间和组织停车场的交通流线，同时也能更好地为车辆遮阴和保护停车场地。应选择适应停车场的环境，宜采用适应道路环境条件、生长稳定、观赏价值高、环境效益好的树种，并具有较强的抗旱和抗污染的能力，树冠底部应保证距离地面 3.5 m 以上，或经常维护修剪底部树枝，防止伤害汽车。乔木应选择深根性、分枝点高、冠大荫浓、生长健壮且落果无危害的树种，在北方寒冷积雪地区则以落叶树种为宜。

2) 照明

站前广场和停车场的照明必不可少，特别是对于有夜行班车需要的汽车站，保证傍晚和夜间有一个良好的视觉条件，保障车辆和行人通行的方便、安全。同时，场内较好的照明设施亦能衬托出建筑物及绿化的艺术效果，起到丰富城市夜景、美化环境景观的良好作用。照度设计应综合考虑基本的鉴别物体的照度要求和预防犯罪的照度需要，避免产生阴影，这些阴影可能会使人摔倒，或是给旅客一种由黑暗产生的不安全感。

① — ③ 资料来源：章竟屋. 汽车客运站建筑设计 [M]. 北京：中国建筑工业出版社，2000.

① 总平面功能关系

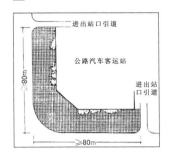

② 站房功能关系

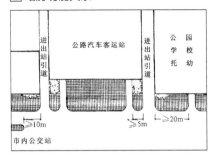

③ 海口汽车客运西站总平面图、透视图

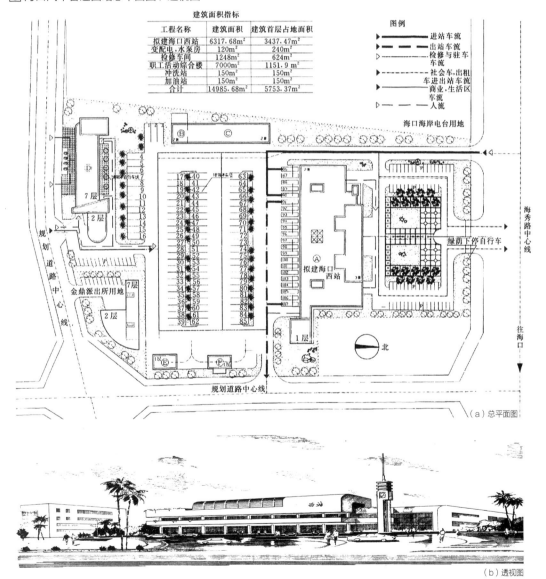

建筑面积指标

工程名称	建筑面积	建筑首层占地面积
拟建海口西站	6317.68m²	3437.47m²
变配电,水泵房	120m²	240m²
检修车间	1248m²	624m²
职工活动综合楼	7000m²	1151.9 m²
冲洗站	150m²	150m²
加油站	150m²	150m²
合计	14985.68m²	5753.37m²

图例
► ── 进站车流
► ━ ━ 出站车流
▷ ── 检修与驻车车流
► ── 社会车,出租车进出站车流
► ── 商业、生活区车流
▷ ── 人流

（a）总平面图

（b）透视图

2.2.4 站前广场布局

客运站属于人流集中的建筑，站房与城市道路间需要设置站前广场作为过渡空间，主要起到人流和车流集散的作用。站前广场分区必须明确，并应注意节约用地。案例参见 ① — ③。

⊙ **规模**

一、二级车站站前广场的面积指标可以按旅客最高聚集人数每人 1.2 ~ 1.5 m² 计算，三级车站按旅客最高聚集人数每人 1.0 m² 计算。

⊙ **功能组成**

站前广场一般可以分为旅客活动区、公共停车位、服务区和疏散通道、绿化小品等几个大的区域。其中旅客活动区应接近站房的主入口；停车区应设于站前广场的一侧，包括出租车停车区或停靠站以及公交系统停车区，以免干扰其他活动区。与停车区对应一侧可布置商业服务区。有些汽车客运站是与铁路客运站结合起来做的，二者共用一个广场，这时更应注意协调两个站的不同使用人流的关系。站前广场还应布置一定的绿化，满足城市绿化的要求。站前广场面积较小，设计布置必须紧凑合理，发挥每一平方米的作用，为日后的管理工作提供好的条件。

⊙ **流线组织**

站前广场周围城市干道的位置、性质、流向和流量对广场的流线组织有一定影响，故应根据站前广场的地形特点与站房的具体情况，处理好站前广场中各种流线与城市交通流线的衔接问题。

站前广场应明确划分车流和客流路线，避免交叉。客流组成可分为旅客、接送旅客的人及过路客三类，其中旅客为主要客流。旅客人流活动区域应位于核心区域，方便到达每一个停车区，并与站前广场的车辆区域合理组织，有利于人流的迅速疏散。车流主要包括自驾车辆、出租车辆和城市公交车辆流线。对于接送旅客、购买预售票、托取行包而进入车站站前广场的机动车及非机动车，应指定停放场地，统一管理；出租车也应该在站前广场上设停车区和临时停靠站；城市公共汽车终点站或停靠站应设于方便旅客疏散的客流量大的主干道方向。此外，工作人员流线应尽量与旅客流线分开，并设置单独的工作人员出入口。各区域之间的车行和人行流线应尽量避免交叉，汽车客运站的站前广场有时候结合城市公交换乘站统一使用或邻接使用，这些做法都大大方便了旅客的出行和换乘。

站前广场上的流线组织一般分为两种分流方式，一种是前后分流，把人流、车流分别组织在站前广场前后两部分，前部行驶、停靠车辆、上下旅客；后部为旅客活动区域，旅客可安全进出站房，前后互不干扰，其缺点是车辆不能紧靠出入站口，增加旅客步行距离。另外一种方式是左右分流，是将车流、人流沿站前广场横向分布，人流右边进站，左边出站；车流按流向、流量分别组织在不同的场地，从而使人车分流，互不干扰，这种方式是比较常用的分流方式。

① 资料来源：现代设计集团华东建筑设计研究院有限公司工程项目.
② 资料来源：毛兵，沈欣荣，王蕾蕾，等. 客运站建筑设计 [M]. 北京：中国建筑工业出版社，2007.
③ 资料来源：黄捷，董晓文. 生态站场：广州海珠客运站设计 [J]. 新建筑，2004（01）.

[1] 上海铁路南站北广场实景

[2] 本溪市长途客运站的站前广场平面图、实景

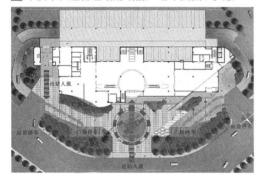 

[3] 广州海珠客运站站前广场东侧绿化实景

2.2.5 停车场布局

停车场是汽车客运站占地最大的一个部分。汽车停车场的设计，必须适用、经济，并符合运行安全、技术先进和环境保护方面的特定要求。除了满足车辆出入的安全要求外，还需满足油气的防火、防灾要求，并应尽量减少车辆尾气排放所造成的环境污染。案例参见 1—4。

⊙ **停车场的设计原则**

客运站停车场应满足以下设计原则：①符合城市规划与交通管理的要求；②分区明确、流线组织顺畅，交通标志清晰；③出入口应避开城市主要干道及其交叉口，并应右转进出停车场；④满足停车场自身的技术要求；⑤综合考虑场内的各种工程及附属设施。

⊙ **停车场的类型**

1）地面停车场

这是我国客运站停车场大多采用的方式，设计布局简洁，建造周期短，但是停车场面积大，一般占整个站场的70%～80%，有的甚至达到85%～90%。当前城市用地极为紧张，停车场占地如此之大，如何节约建站投资，寻求其他停车方式，从而降低投资造价，是值得深入研究的问题。

2）多层停车库和地下停车库

汽车客运站可以考虑设计多层停车库和地下停车库。由于停放的车辆都是大型客车，一般柱网不应小于12 m，如车长达12 m时，柱网不应小于15 m。这种停车方式交通通道面积较大，再加上柱大梁大，车库基建投资较大。但是地下停车库可以在地面空间相当狭窄的条件下提供大量的停车位，既占地少、车位多，又可将广场地面恢复成为城市绿地等，改善城市环境。

3）站场分设

站场分设指的是停车场与客运站房不在一处设置，主要是由于城市没有足够的用地。客运站内除有效发车位之外，一般至少应设相当于该站总有效发车位停车面积的停车场面积，供调度灵活调用车辆。停车场与客运站房之间的交通应便捷，站场之间应能采用现代通信手段，满足随时从停车场调车进站的要求。

⊙ **停车场的功能组成**

停车场基地的平面布局按使用功能，主要分车辆停放区、车行通道、出入口、辅助设施区（车辆清洗及维修保养）和绿化等部分，广义上也包括有效发车位。停车场的最大容量按同期发车量的8倍计算，单车占用面积按客车投影面积的3.5倍计算，即：停车场面积=28.0×发车位数 × 客车投影面积。

⊙ **停车场的流线**

停车场内部车辆经进站口进入，组织停放在停车场地内的停车区。待发行的车辆经调度安排，停靠在发车站台上接旅客，并通过出站口开出。停车场区内的车辆流线又可分为进出车线、洗车路线和倒车路线等。

⊙ **停车场的防火疏散**

一旦发生火灾，客运站中不仅需要疏散旅客，还要尽快疏散站场中的客车。一般客车在进站前都加满油料，客运站停车场停放车辆较为密集，且客车多为大、中型车，疏散较慢，防火、疏散设计必须严格遵照现行建筑设计相关防火规范。停车场的汽车疏散出口不应少于两个，停车数量不超过50辆的停车场可设一个疏散出口。《交通客运站建筑设计规范》（JGJ/T 60—2012）还增加了以下要求：汽车疏散口应在不同方向设置，且应直通城市道路，以保证车辆能迅速疏散。停车场内车辆宜分组布置，车辆停放的横向净距不应小于0.8 m，每组不超过50辆，且组间应保持不小于6 m的防火间距。停车场宜设置耐火等级不低于二级的消防器材间。

1 资料来源：《建筑设计资料集》编委会. 建筑设计资料集（第二版）6[M]. 北京：中国建筑工业出版社，1994.
2—4 资料来源：建筑世界杂志社. 交通建筑Ⅱ[M]. 天津：天津大学出版社，2001.

1 停车场布置（50 辆驻站客车）

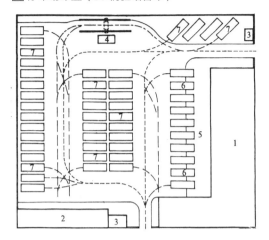

1. 站房
2. 辅助用房
3. 门卫
4. 洗车台
5. 站台
6. 待发车
7. 停放车

- - - - - 进出车线
- · - · - · 洗车路线
— — — 倒车路线

2 韩国光州客运站总平面图

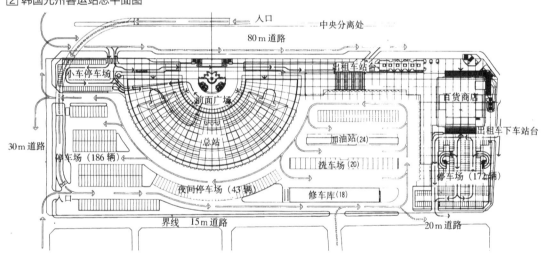

3 韩国光州客运站停车场

4 地下停车场

2.2.6 建筑形态设计

建筑空间形态作为一种客体存在，具有物质和社会双重属性。物质属性表现在它以一定的形态、大小、方位、色彩、肌理和相互间的组配关系等可感现象存在于物质世界之中，并与人发生刺激与反应，对人的行为具有一定的诱发力。社会属性表现在空间的形式具有一定的表情，蕴涵着一定的态势，并产生某种情调，与人发生暂时的神经联系。而人对外部世界的认识，往往是通过形式层面再进入意象和意义层面的，形态正是这种感知过程的反映。在建筑造型上，形态是对建筑空间而言的。[1]

◉ 侧重"结构功能"形态设计

"结构功能"的设计理念是现代建筑中"结构理性主义"和"功能主义"思想的结合。在建筑设计中，对功能的设计是使一栋建筑富于建筑感的最重要环节。而形式的表现力在某种意义上说是功能表现力的抽象形态。诺曼·福斯特设计的伦敦第三国际机场斯坦斯特航空港堪称当代"结构功能"理念的代表作（参见 ①）。设计师大胆采用了模矩规划和组合构造的设计方法，而结构基本模矩的使用既满足了批量生产、运输、装配的要求，又达到了重复使用的经济目标。机场大厅的柱网间距为 36 m，其单元支撑物为一组由四根钢管组成的"柱组"。"柱组"在距地 4 m 处转换为斜撑，它使屋顶的实际跨度有效缩减。大厅内一切水、暖、电的管道设备均安置在由四根钢管组成的"柱组"之间，这样便大大净化了室内的空间。

◉ 侧重"技术表现"形态设计

不同于现代主义时期的表现主义倾向，当代大空间建筑中的"技术表现"主要通过信息化技术和高超的机械加工工艺来实现。在继承早期古典机械风格对金属材料结构和构造做法忠实表现的理念外，更注重表达现代材料、结构形态和新式构造的特征，强调建筑细部并将其引申为艺术表现手段。而主体形态往往是通过对技术因素的合理表现而获得的。1994 年建成的日本大阪关西国际机场（参见 ②）航站楼是建筑师伦佐·皮亚诺综合建筑、技术空气动力学和自然等因素创造的一个生态平衡的有机整体，堪称 20 世纪"技术表现"理念的典范。

航站楼建造在大阪海湾泉州海面的一个人工岛上，整体造型像一架停放在小岛绿地边缘的"巨型机"，具有浓厚的表现主义色彩。候机楼屋顶设计为巨型结构钢桁架造型，是由"空气"这种无形因素决定的，遵循了风在建筑中循环的自然路径。候机楼屋顶跨度达 80 m，轻质的钢管空间桁架由一对斜双杆支撑，并共同构成一个拱力作用的角度，从而获得了结构上的效率及侧向的抗震力。巨大超环面屋顶上的双层不锈钢屋面瓦的设计和结构杆件上玻璃钢防火覆层的造型设计，都是传达"技术表现"理念的重要手段。

◉ 侧重"仿生"形态设计

"仿生"设计理念在当今大空间建筑形态设计中占有重要地位。建筑的生态仿生形式自古就有。在具体的设计实践中人们更多是对形式和结构的仿生。其中形式的仿生是通过研究生物或生态的形态规律，探讨其在建筑上应用的可能性。它不仅是功能、结构与形式的有机融合，还是超越模仿并升华为创造的一种过程。在结构仿生方面，建筑师通过对生态物体生成规律的研究，创造出新的仿生结构。如法国里昂机场高速铁路车站（参见 ③），120 m 长的拱形和 100 m 宽的翼幅组成的巨大钢制屋顶形成它犹如展翅欲飞的鸟的特异形态。从正面看时，可以联想到支撑在弯曲玻璃面上的鸟喙。

[1] 参考文献：索健. 当代大空间建筑形态设计理念及建构手法简析 [J]. 建筑师, 2005（06）.

① 资料来源：窦以德, 等. 诺曼·福斯特 [M]. 北京：中国建筑工业出版社, 1997.

②、③ 资料来源：建筑世界杂志社. 交通建筑 I [M]. 天津：天津大学出版社, 2001.

1 伦敦第三国际机场构思概念草图、立面图、鸟瞰图及树状结构柱系统示意

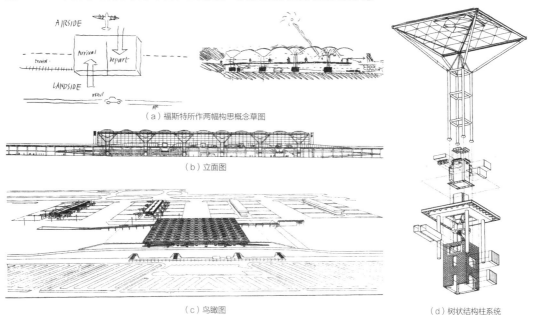

（a）福斯特所作两幅构思概念草图

（b）立面图

（c）鸟瞰图

（d）树状结构柱系统

2 大阪关西国际机场构思草图、鸟瞰图

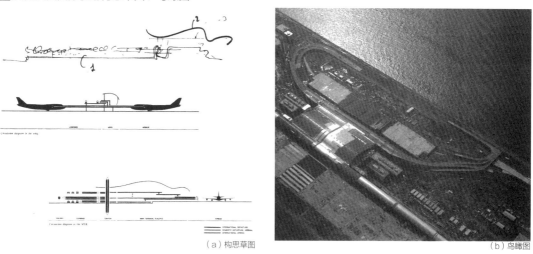

（a）构思草图

（b）鸟瞰图

3 里昂机场高速铁路车站实景

◉ 侧重"构成"形态设计

构成从形态的本质入手，与科学上将物质分解为最基本的分子结构、构成新的物质相类似，将形态提炼到最基本的元素，即点、线、面、体和空间，研究其属性及各种组合关系，这些最基本的元素的分解与组合为建筑形态的来源创造了更加简便和有效的途径。同时，每一种特定的元素都具有特定的表情，对人的视觉心理具有一定的影响。有效地运用这些元素的特性，对反映建筑的性格具有直接的意义。

构成以几何形态作为母体，大大提高了形态的设计效率。几何形态是形态的原形，是各种形态的基础，构成手法便于对几何形体作出处理，具有简洁、逻辑和规律的特性。几何形态与现代建筑形态之间存在着某种共性。勒·柯布西耶曾说："由光加显示出来的立方体、圆锥体、圆球体或金字塔形乃是伟大的基本形，它们不仅是美丽的形，而且是最美的形象。"现代建筑的发展由于减少了大量的装饰，更强调几何形态的组合，因此几何形态对现代建筑的形象具有了直接应用的意义。如 1995 年建成的日本长崎港候船大楼，以椭圆形和圆形为基本形体，通过减法一切削处理形成了岛的门户形象（参见 ①）。

◉ 侧重"地域文化"形态设计

在当代大空间建筑设计中，对地域文化特征的强烈关注是建筑师创作的不竭动力。借助先进的科技手段，建筑师们从不同角度深入挖掘本民族的文化特质。在对传统的认识上，建筑师已跨越了简单的建筑形式的再现，转向了更深、更广泛的文化意义的探索。如我国的新苏州站就是侧重地域文化形态设计的较好实例。

◉ "气候导向"下形态设计

气候作为一种自然界特有的资源存在于现实生活中。不同的地域气候在很多方面上是形成建筑形态的基本环境资源和限定要素。影响建筑形态的气候要素主要有太阳辐射、温度、湿度、风、降水等，这些要素将直接影响建筑的存在形式，从而最终影响到建筑空间给人的感受。以膜结构应对气候设计为例，1993 年建成的美国丹佛国际机场候机大厅（参见 ②，平面尺寸 305 m×67 m）由 17 个连成一排的双支帐篷膜单元屋顶覆盖，其屋顶由双层 PTFE 膜材构成；帐篷间隔 600 mm，以保证大厅内温暖舒适并且不受飞机噪声的影响，并利用直径 1 m 的充气软管解决膜结构屋顶与幕墙之间产生相对位移时的连接构造问题。该工程也被视为寒冷地区大型封闭张拉膜结构的成功范例。SOM 事务所于 1982 年完成的沙特阿拉伯哈吉航空港的朝圣棚设计（参见 ③）仿效当地传统的遮阳方式，结合工业化建造手段，建构了炎热地区由 210 个锥形膜单元（单元平面尺寸 45 m×45 m）组成的规模巨大的帐篷式屋顶。

[1] 参考文献：陈学文，董雅. 论"构成"在现代建筑形态设计中的活化作用 [J]. 天津大学学报，1997（06）.
① 资料来源：建筑世界杂志社. 交通建筑 II [M]. 天津：天津大学出版社，2001.
② 资料来源：建筑世界杂志社. 交通建筑 I [M]. 天津：天津大学出版社，2001.
③ 资料来源：索健. 当代大空间建筑形态设计理念及建构手法简析 [J]. 建筑师，2005（06）.

① 日本长崎港候船大楼实景、剖面图及立面图

（b）剖面图

（c）北侧立面图

（a）实景

② 丹佛国际机场夜景、采光分析图及纵剖面图

（a）夜景

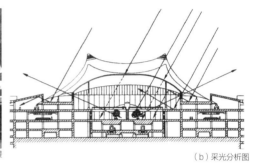

（b）采光分析图

（c）纵剖面图

③ 沙特阿拉伯哈吉航空港朝圣棚

2.3 深入设计——以汽车客运站建筑设计为例

2.3.1 平面设计原则与功能布局

客运站建筑的平面设计，是建筑师面临的主要设计任务。其中旅客使用空间、站务空间及附属建筑空间的功能关系紧密且相互交错关联。

◎ **设计原则**

①空间安排要尽量清晰、紧凑，充分利用可用空间满足日益复合性的空间功能要求；②分区宜明确、精练，使用方便，流线简捷、便利，避免站内主要功能流线的混杂交叉；③由于客运站建筑空间构成的复杂性、开放性及部分功能分区限定的模糊性，要超越平面性思维，复合、立体地利用可挖掘有效的建筑空间。

◎ **功能组成与布局**

客运站站房是站区内主要建筑，是乘客完成乘车过程的主要场所，其各部分功能关系参见 ①、②。

1）门厅或过厅

门厅或过厅一般位于候车厅入口处，用来缓解进入候车厅的人流压力。对于北方客运站来说，门厅还可以起到阻挡冷空气直接侵袭室内空间的作用。

2）候车厅、售票厅和行包房的关系

候车厅一般位于过厅与有效发车位之间，是连接旅客等候与乘车的区域。售票厅一般设在距离客运站主要出入口较近的地方，同时与候车厅和行包房有着紧密的联系，方便旅客购票后直接进入候车厅。行包房包括托运处、提取处与装卸廊三个主体部分。托运处和提取处应考虑旅客进出站流线，设置于方便之处。三、四级站行包业务可集中设置于站房一端；一、二级站行包房的托运处和提取处应按旅客进出流线分设，同时考虑相对集中布置的可能，便于管理。候车厅与售票厅和行包房在平面布局上有两种关系：一种是行包房与售票厅分布于过厅两侧，另一种是行包房与售票厅一起分布于过厅的一侧。

3）站台

站台是联系候车厅和发车位的关键部分。汽车客运站必须设置站台（五级站可视情况而定），以此组织旅客、输送旅客上车，保证旅客发车区人车混流地带必要的秩序性和安全性。站台又分发车站台和到站站台，到站站台应与旅客的出站口直接相连，并结合行包提取厅设置，方便旅客以最短路线疏散出站。

4）办公管理及其他辅助建筑空间的布局

应尽量避免与旅客人流的交叉，使其各行其线、各做其事、互不干扰。办公室应与候车厅、售票室、行包房等处具有较直接的联系，并应有良好的采光、通风条件；调度和广播用房应与候车厅和发车站台有直接的视线联系，方便调度车辆、随时广播通报车辆到站和出发情况，同时也便于旅客寻人寻物，但也要避免过于显著之处；方便旅客使用的服务设施空间如问讯、公用通信、饮水、盥洗，以及总服务台、小卖、餐厅、娱乐、银行、保安等，应直接设于候车厅内。

---

① 资料来源：《建筑设计资料集》编委会.建筑设计资料集（第二版）6[M].北京：中国建筑工业出版社，1994.
② 资料来源：曹振熙.最新客运站设计图集[M].西安：陕西科学技术出版社，1992.

1 一、二、三级站旅客流线关系示意

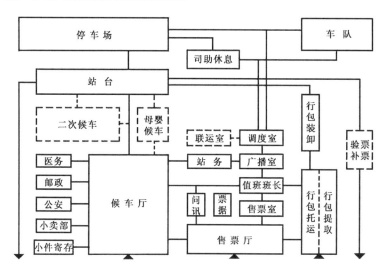

2 赣州汽车客运站平面图

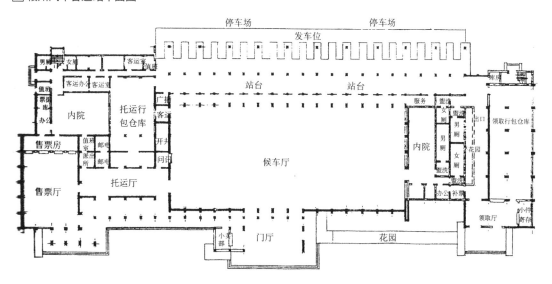

2.3.2 流线分析与流线组织

合理地组织与设计流线，是客运站建筑设计的关键，也是评价客运站建筑设计的主要因素。

⊙ **流线分析**

根据流线的性质，又可分为旅客流线、行包流线、车辆流线与内部工作人员流线等（参见 ①）。

（1）普通旅客流线：普通旅客人数最多，其过程比较复杂，随身携带的物品也较多，候车时间较长，出站时人流集中、密度大、速度快。

（2）特殊旅客流线：指需要特别照顾的旅客，如妇幼及老弱病残等旅客流线。这部分旅客数量少，行动不便，需要人扶持照顾，通常单独设置候车室，也可以与贵宾流线统一设置，并有专用厕所和检票口，优先上车。其流线与普通旅客进出站流线基本相同，但照顾优先放行。

（3）贵宾流线：通常为了保证贵宾候车的方便与安全，单独设置贵宾室与检票口，来去有车接送，其流线应与一般旅客流线分开。

（4）行包流线：一般分为发送行包流线、到达行包流线与中转行包流线。行包需要各种搬运设备输送，如电瓶车、手推车、三轮车等，堆放面积较大，搬移不便，故应尽量避免与旅客流线交叉干扰，以保证人和物的安全。

（5）工作人员流线：工作人员的办公场地包括值班室、广播室、调度室、票据室等房间，应有其内部的交通联系空间，不宜与候车厅旅客人流混杂，特别是大型的汽车客运站，站务办公用房多，功能齐全，宜设于客运用房和停车场之间，方便管理和观察、调度车辆。

⊙ **流线组织**

在设计流线时，原则上应避免人流、车流和货流交叉混杂，力求做到路线短捷、顺畅，保证旅客能迅速、方便、安全疏散。汽车客运站的流线组织应遵循下述原则：

（1）各种人流要分开。例如工作人流和旅客人流分开，形成各自相对独立又有内部紧密交通联系的空间；贵宾、妇幼、残疾人流与普通旅客适当分开，特别是在大型的汽车客运站，应单独设置贵宾室，使其候车和上车路线与普通旅客分开，防止拥挤，保证其候车环境的安静和上车路线的安全（参见 ②）。

（2）流线组织主要应符合旅客的要求，力求流线简捷、指向明确，通畅不迂回，尽量缩短旅客流程距离，并尽量使各种流线自成系统，大型客运站可考虑分层组织旅客流线。如南京中央门汽车客运站就将豪华大巴和贵宾室设于二楼，用自动扶梯联系两层候车室，大大节省了候车室的占地面积。

（3）为减少各种车辆的交叉，按照靠右行驶的规则，站前广场上的车辆应逆时针单向行驶（为方便旅客右侧下车），避免双向行驶；人流、车流交叉处应设人行横道线。

（4）对于行包量大的客运站而言，可考虑设置行包地道，以避免行包流线与旅客流线交叉（参见 ③）。

① 资料来源：作者自绘 .
② 资料来源：毛兵，沈欣荣，王蕾蕾，等 . 客运站建筑设计 [M]. 北京：中国建筑工业出版社，2007.
③ 资料来源：《建筑设计资料集》编委会 . 建筑设计资料集（第二版）6[M]. 北京：中国建筑工业出版社，1994.

1 进出站人流流线示意

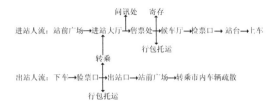

2 重庆客运站一层流线分析

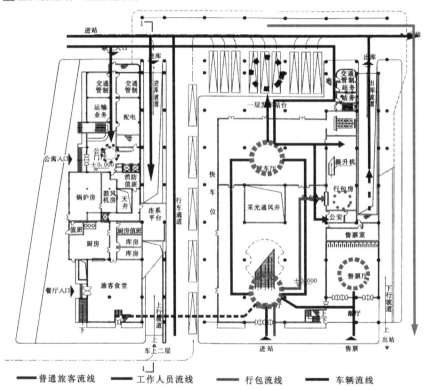

━━ 普通旅客流线　　━━ 工作人员流线　　━━ 行包流线　　━━ 车辆流线

3 行包托运和提取流线示意

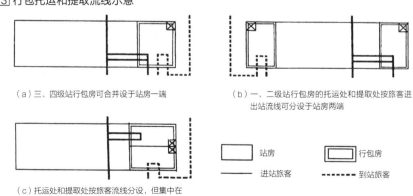

（a）三、四级站行包房可合并设于站房一端

（b）一、二级站行包房的托运和提取处按旅客进出站流线可分设于站房两端

（c）托运处和提取处按旅客流线分设，但集中在一端，便于管理

| 站房 | 行包房 |

进站旅客　——　到站旅客　---

2.3.3 立面设计

客运站的立面设计往往受建筑结构、功能空间和技术等条件所制约，其形式创造也通常体现在对这些具体限制条件的回应和积极表现上。客运站属于致力于艺术化的建筑实体结构、营造美观建筑形象设计的范畴，因此立面造型设计应遵循以下原则。

● 注重立面比例与尺度

建筑空间体量之间以及建筑形式中部分和整体之间均存在一种可量度的尺度对比关系。比例与尺度以在推敲中得出对比元素之间最为理想的比较关系为目的。局部与整体量度对比得出的相互间尺度和比例关系，能够衡量、指导建筑形式创作，取得统一和谐的立面造型效果。在客运站建筑的形式构成体系中，不同功能空间在形式上表现出比例及尺度差异的问题，如何平衡其间的关系、达到总体造型的统一，是格外要加以重视的（参见 ①）。

● 重点突出整体形象

通过统一和对比手法烘托立面和体量的重点，可以起到突出整体形象的作用。在由若干要素组成的建筑整体中，每一个要素在整体中的位置及其与其他元素的比例关系对其整体性具有重要的影响作用。在建筑造型设计中突出构图中心，从属体量烘托主体造型表现令造型特征突出、表现力充分。建筑形体的表现力很大程度上来自表现形象构成的统一性及其表现力的集中。对比是指以求同存异为目的的比较，通过不同表现属性部分间的对比来达到对整体重点的烘托、辩证的统一及形式的鲜活化。同时，工程结构的内在发展规律也赋予建筑各种形式的差异性。在主次分明、秩序和谐的前提下，局部对比有机互补，能够产生一种完满的多样统一的立面效果（参见 ②）。

● 建筑风格与特色

通常用色彩与质感表现建筑的时代性、地域性、建筑技术及文化特征。如暖色调能给人热烈、兴奋的感觉，而冷色调给人以清新素雅感；浅色使人感觉明快，深色令人感觉沉稳；加之以清水墙面的粗砺原朴，花岗岩的坚硬刚强等如此这般的质感和材质的表情属性，在不同地域、不同人文特色条件下，被不同的艺术审美文化演绎和理解，更为这些表现元素提供了深刻的地域文化色彩（参见 ③）。

① 资料来源：章竟屋. 汽车客运站建筑设计 [M]. 北京：中国建筑工业出版社，2000.
② 资料来源：毛兵，沈欣荣，王蕾蕾，等. 客运站建筑设计 [M]. 北京：中国建筑工业出版社，2007.
③ 资料来源：朱嘉禄，刘晓征，吴剑利. 北京六里桥长途客运主枢纽设计 [J]. 建筑学报，2000（06）.

1 海口汽车客运滨崖站透视图

2 日本千叶浦安市 JR 舞浜站

3 北京六里桥长途客运站

2.3.4 剖面设计

在客运站建筑的空间构成模式向着复合、立体化方向发展的过程中，其建筑形式也越发多样灵活。反映在剖面层次上，主要包括三种形式：第一种是大跨度单层覆盖形式，参见 ①；第二种是适应室内空间综合组织、通过交通体系紧凑联系的多层构成及分成多个单体进行设计；第三种是内部空间组织更为灵活自由的错层组织形式，参见 ②。

客运站建筑的空间造型具有相对特殊的特点，首先表现在空间构成的表现相对复杂。旅客使用空间作为主体服务空间功能相对复杂，应适应大量人群使用的要求，符合采光、通风和卫生标准，设计上保证足够的空间高度，并应适当考虑视觉感官上的效果，相对宽敞，同时要充分利用天然采光。站务及服务、管理空间可融入主体空间组织，与前者形成适宜的层高关系，充分运用有效空间，求得内部空间的统一均衡。在不破坏整体造型完整统一的前提下，适当调整空间比例关系，可能条件下表现其独特个性。其结构选型也应以大跨度灵活型空间构成为主，尽量减少承重结构体系对于室内空间的隔阻与妨碍。

为保障客运站室内空间的流线通畅，充分适宜地组织建筑空间内的垂直交通流线体系是其建筑剖面设计的重要环节。如候车厅若有两层以上，需设置两部以上疏散楼梯，而行包装卸和运转以及多层停车空间的竖向流线同样需要顺畅便捷的流线组织。

客运站建筑设计中同时要充分重视合宜的人体尺度运用，考虑应用的舒适性、便利性，如售票窗口前设置导向栏杆时，其高度便以 1.2 ~ 1.4 m 为宜。而表现在行包业务空间及站台空间中，如托运口工作台面一般高度不宜超过 0.5 m。站台应充分考虑行车高度，一般位于车辆装卸作业区的雨棚高度不宜低于 5.0 m。类似的其他空间的具体高度及相关要求应遵照现行建筑设计规范进行处理。

① 资料来源：章竟屋. 汽车客运站建筑设计 [M]. 北京：中国建筑工业出版社，2000.
② 资料来源：朱嘉禄，刘晓征，吴剑利. 北京六里桥长途客运主枢纽设计 [J]. 建筑学报，2000（06）.

[1] 海口汽车客运站滨崖站剖面图（单位：m）

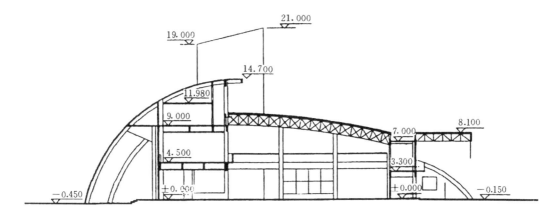

[2] 北京六里桥长途客运站剖面图（单位：m）

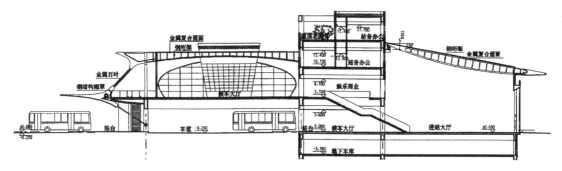

2.3.5 结构设计

结构对于建筑的空间形成和造型特征起着重大作用，良好的结构形式是衡量建筑设计的重要标准。充分挖掘其内在潜力，创造多样丰富、别具一格的空间形式是优良建筑设计的重要途径，应当掌握和精通这样的表现潜力及材料和技术的特性，以大胆革新的科学态度进行创作。总体来看，客运站常用的结构形式不外三种类型：墙体承重结构、框架结构和空间结构，其中尤以框架结构体系运用较多。

⊙ **墙体承重结构**

由于梁板经济跨度的制约，这种结构形式适合建造那些空间较小、低层或多层的附属建筑，较少被应用在客运站主体建筑上，在低等级客运站中较常使用。这种结构形式的特点是外墙和内墙同时起着支撑上部结构荷载和分隔建筑空间的作用。在进行空间组合时，应注意以下四点：①结合功能和空间布局决定承重墙布置方式；②承重墙的开间进深、尺寸类型尽量减少，利于构件统一规格；③上下承重墙应尽可能对齐，开设门窗洞口的大小应按规范要求计算；④墙体的高、厚比应在合理范围之内。

⊙ **框架结构**

框架结构采用梁和柱作为承重构件，而分隔室内外空间的维护结构和分隔墙均不承重。承重与维护系统明确的分工是框架结构的主要特点。这样的结构体系解放了空间和围合界面，其构成手段、模式和表现都具有更大的自由性和布置、划分的灵活性。譬如，可以根据功能将柱、梁等承重结构确定的较大空间进行二次空间组织，空间可开敞、半开敞或封闭，空间形状亦可以随意分隔成折线或曲线等不规则形状。在房间划分灵活的优点之外，以轻质高效保温材料做内、外墙，框架以受弯为主，其抗侧移能力相对较小。这种结构方式空间和造型处理灵活，在客运站建筑中应用比较广，可运用于主体建筑和辅助建筑中（参见①—③）。框架结构又分为钢筋混凝土框架和钢框架。钢框架结构在客运站建筑设计中的应用逐渐增多，适用于大跨度候车空间的要求。

⊙ **空间结构**

技术、材料和结构理论的进步为客运站的空间形式和结构选型带来变革，形成了满足其空间大跨度要求的多种处理手法，常见有悬索结构、空间薄壁结构和网架结构等，可结合框架结构，形成复合型的结构形式。

（1）悬索结构：充分发挥钢索耐拉的特性，获得大跨度的空间。由于悬索结构体系在荷载作用情况下承受巨大的拉力，要求承受较大压力的构件与之相平衡。常见悬索结构有单向、双向和混合三种类型。

（2）空间薄壁结构：由于钢筋混凝土具有良好的可塑性，故能用来作为良好的壳体结构材料，当选择形状合理时，可获得刚度大厚度薄的高效能空间薄壁结构。它同时具有骨架和屋盖的双重作用，而在大跨度公共建筑中广为运用。

（3）桁架、空间网架结构：多采用金属管材制造，可承受较大的纵向弯曲力，用于候车空间等大跨度空间具有一定经济意义，可减少空间作业，较为便利。例如广州海珠客运站候车大厅运用的桁架结构（参见④、⑤）。

①—③资料来源：建筑世界杂志社. 交通建筑Ⅱ[M]. 天津：天津大学出版社，2001.
④、⑤资料来源：黄捷，董晓文. 生态站场：广州海珠客运站设计[J]. 新建筑，2004（01）.

1 韩国光州客运总站候车室内景

2 韩国光州客运总站远景

3 韩国光州客运总站剖面图

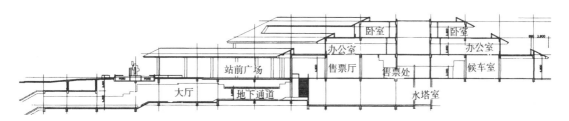

4 广州海珠客运站候车大厅内景

5 广州海珠客运站实景

2.3.6 防火与疏散

汽车客运站是旅客和加满油的大客车密集的公共建筑，火灾危险性较大。旅客中有弱势群体，且多数旅客携带随身行李，增加了防火疏散的难度。在设计中除必须认真执行《建筑设计防火规范》（GB 50016—2014）外，还要执行《交通客运站建筑设计规范》（JGJ/T 60—2012）中有关防火规范的规定，以及《汽车库、修车库、停车场设计防火规范》（GB 50067—2014）等相关的规定，综合考虑其防火疏散问题。

⊙ **防火**

依据《交通客运站建筑设计规范》（JGJ/T 60—2012）有关规定，汽车客运站的耐火等级，一、二、三级站不应低于二级，四级站不应低于三级。一、二级耐火等级的建筑，每个防火分区最大允许建筑面积为 2 500 m²；三级耐火等级的建筑，每个防火分区最大允许建筑面积为 1 200 m²；地下、半地下建筑，每个防火分区的建筑面积不应大于 500 m²。当建筑内设置自动灭火系统时，以上所述每个防火分区最大允许建筑面积可增加一倍；局部设置时，增加面积可按该局部面积一倍计算。

防火分区间应采用防火墙分隔，如果有些地方需要连通或开口时，可采用防火卷帘和水幕代替防火墙分隔。火灾时除发生明火燃烧造成人身伤亡外，发烟，特别是有毒烟雾造成的危害更大。为此，未达到燃烧温度而先大量发烟，以及受高温散发有毒烟雾的材料，不得用于站房的吊顶及闷顶内。

消防车道的宽度不应小于 4.0 m，道路上空遇有管架、栈桥等障碍物时，其净高不应小于 4.0 m。

如重庆汽车站（参见 ①、②）地下层防火分区采用防火墙、防火卷帘分隔；一、二层连通的共享空间和自动扶梯开口处均设有防火卷帘。

⊙ **疏散**

汽车客运站候车厅必须设有至少两个直通室外的安全出口，每个安全出口净宽不小于 1.4 m，平均疏散人数不超过 250 人。候车厅内类似安全出口的通道较多，《交通客运站建筑设计规范》（JGJ/T 60—2012）明确规定，带有导向栏杆的进站口不得作为安全出口计算。安全出口必须设置明显标志和事故照明设施，太平门附近设计要排除一切影响人流活动的不利因素，包括太平门应向疏散方向开启、严禁设锁、不得设门槛、距门线 1.4 m 处方可设踏步等。

室外疏散通道的宽度不得小于 3.0 m。当楼层设置候车厅时，应设置至少两部直接通向室外的疏散楼梯，室外通道宽度不小于 3.0 m，楼梯间宜设有乘轮椅者的避难位置。为防止人员疏散拥堵，《建筑设计防火规范》（GB 50016—2014）还规定应将疏散出口分散布置，相邻两个疏散口最近边缘水平距离不小于 5.0 m。同时，地上疏散楼梯间在各层的平面位置不应改变，以保证人员疏散畅通、快捷、安全。

---

① 、② 资料来源：章竟屋. 汽车客运站建筑设计 [M]. 北京：中国建筑工业出版社，2000.

1 重庆汽车站透视图

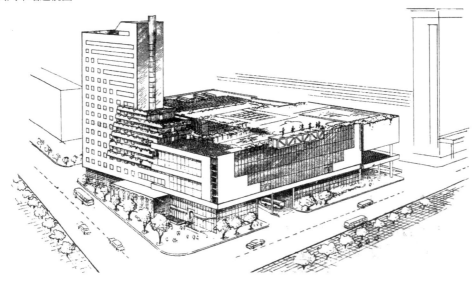

2 重庆汽车站地下层平面的防火分区（单位：mm）

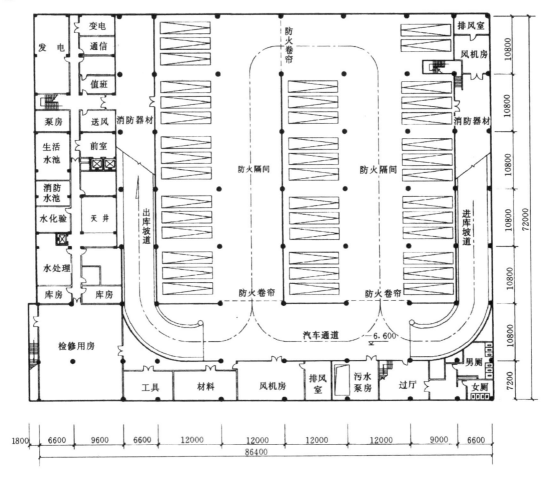

2.3.7 无障碍设计

无障碍环境包括物质环境、信息和交流的无障碍。为确保行动不便者方便、安稳地乘车出行和到达，在汽车客运站设计中，应为所有有需要的人士提供从进站、通行、咨询、购票、候车、上车等全过程的无障碍设施的设置。《无障碍设计规范》（GB 50763—2012）已于 2012 年 9 月 1 日在全国范围正式实施。

⊙ 建筑入口

一种无台阶、无坡道的建筑出入口的设计方式正在逐步推广，这种出入口被称为无障碍出入口，是人们在通行中最为便捷和安全的出入口，不仅方便了行动不便的有障者，同时也给其他人带来便利。当建筑的出入口设有台阶和坡道时，设计时应考虑以下因素。

①供有障者使用的出入口，应设在通行方便和安全的地段，当室内设有电梯时，应尽量靠近候梯厅；②室内外有高差时，应采取坡道连接，其坡度不宜大于 1∶12，坡道宽度不应小于 1.20 m，坡道两侧应在 0.65 m 高度加设扶手，无障碍入口和轮椅通行平台应设雨棚；③出入口的内外，应保留不小于 1.50 m×1.50 m 平坦的轮椅回转面积；④出入口设有两道门时，门扇开启后应留有不小于 1.20 m 的轮椅通行净距；⑤必须在建筑物的主要出入口设置无障碍入口，包括紧急出入口在内，所有的出入口都应该能够让有障者利用；⑥供无障碍使用的门应采用自动门，也可以采用推拉门、折叠门或平开门，并应安装视线观察玻璃、横执把手和关门拉手（参见 ①）。

⊙ 室内交通空间

汽车客运站站房内的水平交通应顺畅、安全、简捷。供残疾人通行的走道宽度不应小于 1.50 m，检票口处的通道宽度不应小于 0.90 m。室内外的通道及地面应平整，地面宜选用不滑及不宜松动的表面材料。在建筑入口、服务台、楼电梯、公共厕所、站台等无障碍设施的位置，要设置提示盲道。

无障碍候车、检票口及售票口适合安置在一层，当需要在楼层设置此类功能时，必须设无障碍电梯。无障碍电梯的设计参照《无障碍设计规范》（GB 50763—2012）的有关规定。客运站入口、大厅、通道、站台等地面有高差处进行无障碍建设或改造有困难的时候，应选用升降平台取代轮椅坡道。

⊙ 公共卫生间

公共卫生间应设无障碍隔间或厕位，男女卫生间的入口、通道、无障碍隔间厕位及安全抓杆，应符合使用轮椅者进入、回旋与使用要求。轮椅回转面积不小于 1.50 m×1.50 m，无障碍厕位面积不应小于 1.80 m×1.40 m，入口净宽不应小于 0.80 m（参见 ②、③）。厕位应安装坐便器，坐便器和小便器两侧和上部邻近的墙上，应装设能够承受身体重量的安全水平抓杆和垂直抓杆。洗手台高度应考虑轮椅使用者的合适高度（参见 ③）。

⊙ 家具、器具及设备

设计中，还应考虑到家具、器具及设备等。如服务台、电话机、饮水器如何方便有障者使用，以及标志牌的设置等。

---

①—③ 资料来源：周文麟. 城市无障碍环境设计 [M]. 北京：科学出版社，2000.

[1] 供有障者使用的出入口及门

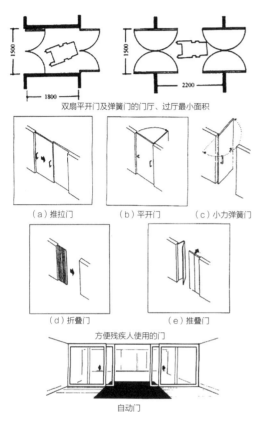

双扇平开门及弹簧门的门厅、过厅最小面积

（a）推拉门　（b）平开门　（c）小力弹簧门

（d）折叠门　（e）推叠门

方便残疾人使用的门

自动门

[2] 无障碍厕所尺寸（单位：mm）

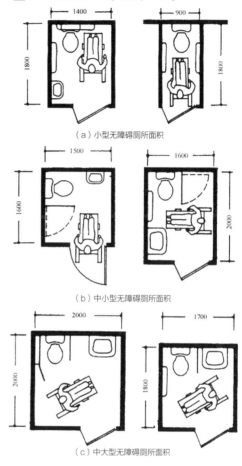

（a）小型无障碍厕所面积

（b）中小型无障碍厕所面积

（c）中大型无障碍厕所面积

[3] 已建无障碍厕位及通道最小尺寸（单位：mm）

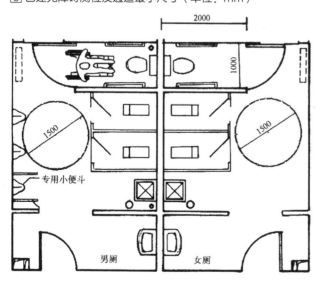

专用小便斗

男厕　　女厕

2.3.8 设备设计

在汽车客运站建筑设计中，主要涉及对一些常用建筑设备，如给排水、采暖通风、电气、电信等的特殊要求。同时应顾及安全、卫生和使用功能等基本需求。如站房与其他公共建筑合建，则应综合考虑。

⊙ 给水排水

1）室外给排水系统

室外给排水系统应包括汽车洗车和水箱用水、停车场消防用水和雨水排水。室外排水量除考虑雨水排水量之外，还要考虑大量冲洗车辆用水的排放。一级站的汽车停车场适宜设置汽车自动冲洗装置，一般应考虑循环用水；二、三级站应设一般汽车冲洗台。室外停车场的消防用水系统设计可参照《建筑设计防火规范》（GB 50016—2014）和《汽车库、修车库、停车场设计防火规范》（GB 50067—2014）有关规定：停车场的室外消火栓宜沿停车场周边设置，且距离最近一排汽车不宜小于 7.0 m，距加油站或油库不宜小于 15.0 m，室外消火栓的保护半径不应超过 150.0 m。

应处理好站区的排水。室外地面排水因停车场面积较大，组织雨水流向非常重要，应根据当地的雨量进行管网设计，并结合场地的竖向设计解决站区的排水。

2）室内给排水系统

室内给排水包括生活用水和消防用水。生活用水主要包括旅客用水和办公人员用水。应在候车室内设置供旅客使用的饮水点、盥洗室和厕所等，厕所和盥洗室设置数量参见 [1]。办公区域应考虑为工作人员设置的厕所、盥洗室用水。若根据需要设置宿舍和食堂，还要考虑过境和夜乘人员所需的浴室用水和食堂用水量。体积超过 5 000 m² 的站房应设室内消防给水。消防用水设计应参照《建筑设计防火规范》（GB 50016—2014）和《汽车库、修车库、停车场设计防火规范》（GB 50067—2014）的有关规定。

⊙ 采暖通风

候车厅、母婴候车室、售票厅等处旅客比较集中，要求有良好的通风换气。一般自然通风效果较好也经济，如不能满足要求，可采用机械通风或自然与机械通风相结合的通风方式。厕所室内空间应符合采光、通风和卫生要求。候车厅的面积一般比较大，如果利用天然采光，窗地比不应小于 1/7 的标准。考虑到候车厅两侧都有较大雨棚，会影响光线的射入，设计时应加大窗户的面积，或在较高处设窗。现在很多客运站已改用中央空调，对于窗的通风要求也相对降低。为满足采光通风的要求，候车厅的净高不宜低于 3.6 m。同时由于候车人数较多，候车厅室内空间处理应考虑吸音减噪措施。

采暖地区的一、二、三级客运站，冬季应使用集中采暖系统；四级站可采用其他方式。由于一、二级站主要出入口旅客进出较为频繁，在采暖室外计算温度低于 −10℃的地区，主要出入口宜设空气幕系统。候车厅、母婴候车室和售票厅等处的散热器应有防护罩，以避免儿童烫伤等意外事故的发生。

⊙ 电气电讯

对一、二级客运站的部分动力设备、通信、消防及部分场所的照明，应保证连续供电。一、二级客运站应按二级负荷设置供电系统；三、四级客运站由于旅客较少，可按三级负荷设置供电系统。

汽车客运站照明可分为工作照明、站场照明、事故照明、清扫照明等系统，分区控制。事故照明可采用两路电源供电，也可采用带电池的应急灯。按照《交通客运站建筑设计规范》（JGJ/T 60—2012）的要求，汽车客运站设备配置，参见 [2]。

汽车客运站的电气设计还应考虑防雷及接地设计。有些客运站选址于城郊接合部，或是位于过境公路旁，遭受雷击的可能性较大。设计时应参照当地气象部门有关雷暴参数，并应符合国家标准《建筑物防雷设计规范》（GB 50057—2010）的规定。

1 男女厕所及盥洗台设备计算

房间名称	设备、数量（按最大候车人数计）	使用面积	说明
男厕	每 80 人设大便器 1 个，小便斗 1 个（或小便槽 700 mm 长）	5.0 m²/ 蹲位	男旅客按最大候车人数的 60% 计；大便器至少设 2 个
女厕	每 40 人设大便器 1 个	4.0 m²/ 蹲位	母婴候车室设有专用厕所时应扣除其数量；大便器至少设 2 个
盥洗台	每 150 人设 1 个盥洗位	2.5 m²/ 盥洗位	夏热地区按每 125 人计

2 汽车客运站设备配置

	设备名称	一级站	二级站	三级站	四级站	五级站
基本设备	旅客购票设备	●	●	★	★	★
	候车休息设备	●	●	●	●	●
	行包安全检查设备	●	★	★	–	–
	汽车尾气排放测试设备	★	★	–	–	–
	安全、消防设备	●	●	●	●	●
	清洁清洗设备	●	●	★	–	–
	广播、通信设备	●	●	★	–	–
	行包搬运与便民设备	●	●	★	–	–
	采暖或制冷设备	●	★	★	★	★
	宣传告示设备	●	●	●	★	★
管理系统设备	微机售票系统设备	●	●	★	★	★
	生产管理系统设备	●	★	★	–	–
	监控设备	●	★	★	–	–
	电子显示设备	●	●	★	–	–

注： ● 必备　★ 视情况设置　– 不设

2.3.9 候车厅

◉ 候车形式

在经过购票、行包托运以后，除极少数的旅客已经到了登车时间以外，大多数的旅客要进入候车状态。由于站级的不同，候车形式分为以下几种。

（1）四、五级站的候车形式有侧向和两侧对称候车两种形式。其中侧向候车形式用于人员极少的四级站和五级站，其优点是流线较为简洁，便于旅客候车、检票和登车；两侧对称候车形式的优点是平面布局呈对称式，流线清晰，有利于柱网布置，同时也便于立面造型（参见①、②）。

（2）一、二、三级站的一般候车形式，可以多条通道同时检票，适应多班次客车同时检票进站台的操作程序。这种形式可以形成较大面积的候车厅，不仅适应了更大的客流量，还使候车空间变得宽敞明亮，同时也便于管理，使候车厅秩序井然（参见③）。

（3）一、二、三级站的二次候车形式。二次候车的优点，是在节省人力的同时，又创造了一个井然有序的候车环境，但由于面积上的浪费较大，人流在一次候车时也显得比较拥挤，所以现在很少采用（参见④）。

目前由于客运站规模越来越大，客流量也逐渐增多，有效发车位增多，导致站台变长。但是由于候车厅的长度有限，候车形式也逐步向综合性候车方式发展。根据需要还可设置高级候车室、贵宾候车室、母婴候车室等专门候车空间。

◉ 候车厅的功能

由于站级不同，候车空间组织方式也有很多差异。目前多向分散候车、小面积候车、多层候车模式发展，更为灵活清楚、易于管理。一、二级站宜设母婴候车室，应邻近站台，并设置单独的检票口。将一些公用性的设施集中在中部，便于旅客集中使用。

候车厅应按规范要求设置足够的检票口，每三个发车位不得少于一个。按照实际流向安排检票口的不同方向，可形成单向、双向、三向检票区域。候车厅应设置座椅，其排列方向应有利于旅客通向检票口，每排座椅不应大于20座，两端应设不小于1.5 m通道。

候车厅内除检票口外，应安设必备的问讯、公用通信、传播营运动态、饮水、厕所和盥洗等设施，还应设置总服务台、小卖、餐厅、娱乐、银行等社会服务功能，以方便旅客使用。周围应方便与站务、医务、公安等辅助功能房间形成紧密的联系（参见⑤）。

◉ 候车厅的空间

候车厅的净高不应低于3.6 m。同时由于候车人数较多，候车厅室内空间处理应考虑吸声减噪措施。由于结构技术的进步，大空间结构体系的应用，新建的客运站多形成宽敞明亮的大空间候车厅。设计时应考虑残疾人使用的需要，进行无障碍设计，包括入口、电梯的设计，通道及检票口的设计，厕所、盥洗、公用电话、标志信号等公共空间和设施的设置等。

① —⑤ 资料来源：《建筑设计资料集》编委会. 建筑设计资料集（第二版）6[M]. 北京：中国建筑工业出版社，1994.

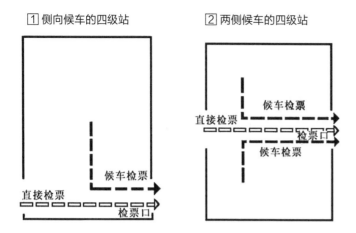

1 侧向候车的四级站　　2 两侧候车的四级站

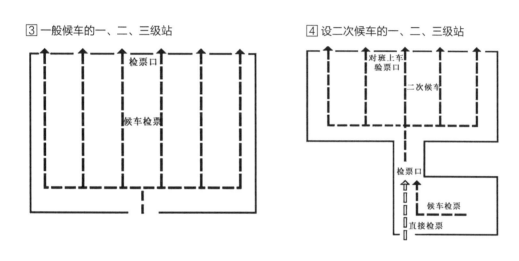

3 一般候车的一、二、三级站　　4 设二次候车的一、二、三级站

5 候车厅功能关系及布置

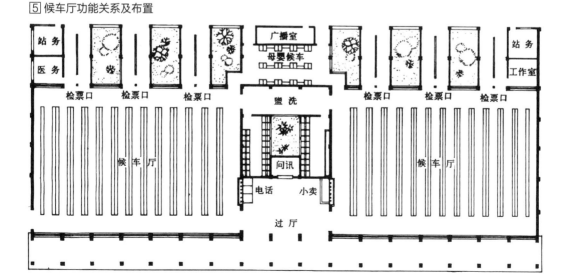

⊙ **候车厅的面积和相关尺寸**

（1）面积：据中华人民共和国交通行业标准《汽车客运站级别划分和建设要求》（JT/T 200—2004）规定，候车厅面积＝ 1.0 m²/ 人 × 设计年度旅客最高聚集人数。重点旅客候车室视实际需要设置，但总面积不应超过候车厅面积的 1/3。

（2）柱网：柱网的确定，要先看候车厅下层是否还有其他建筑层。如果候车厅下层是地下车库，它的柱网就要依据下层柱网的尺寸来设置。如果没有下层空间，则要考虑候车座椅与过道，以及一些附属设施的尺寸。

（3）过道宽：在考虑经济的同时，还要考虑无障碍设计。允许单排人单向通行的过道所需要的最小宽度是 0.90 m；允许两排人流或一排人流、一排轮椅通行的最小宽度为 1.50 m，也是无障碍通道的最小宽度；在高等级的大型客运站中，当需要两排轮椅或三股人流通行时，走道宽度最小为 1.80 m。参见 ①。

（4）检票口：根据一股人流的宽度 0.55 m，两股人流的宽度 1.10 ～ 1.40 m，一个人单手提行李的宽度 0.65 m，检票口的宽度为 0.75 m 左右比较合适。如检票口与站台有高差应设坡道，坡度不得大于 1/12。

（5）座椅的尺寸：根据人体尺寸计算，候车厅单个座椅的尺寸长 0.55 m、宽 0.45 m、高 0.40 m 比较适宜，相邻两个座椅之间的间距为 0.20 m 比较合适。

（6）安全出口：安全出口净宽不应小于 1.40 m，安全出口外的室外通道净宽不应小于 3.00 m；太平门外如设踏步，应在门线 1.40 m 以外处起步；如设坡道，坡度不应大于 1/12，并应有防滑措施。

⊙ **候车厅的附属用房**

（1）服务台和问讯处：使用面积不应小于 6 m²，问讯处前应设不小于 10 m² 的旅客活动场地。

（2）饮水点：应设于便于旅客交通疏散处，面积在 10 m² 左右。

（3）公用电话亭：除四级站以外，应设供旅客使用的公用电话亭。面积应以当地客流量为计算依据。其位置应以方便明显为主，同时注意避免管线的交叉。

⊙ **候车厅的疏散**

候车厅的防火分区以及疏散出口的数量、宽度、疏散照明等设计应符合防火疏散的要求，详见 2.3.6 节。其中安全出口设置参见 ②。

⊙ **候车厅的发展**

候车厅的发展将向多层次、多极化发展。公路客运站由于方便、快捷，渐渐为人们所接受，而土地日益紧缺，所以在有限的土地上建一个能满足大客流量的客运站，就要考虑向立体快捷发展，而不仅仅局限在平面的设计上。

① 资料来源：毛兵，沈欣荣，王蕾蕾，等. 客运站建筑设计 [M]. 北京：中国建筑工业出版社，2007.
② 资料来源：《建筑设计资料集》编委会. 建筑设计资料集（第二版）6[M]. 北京：中国建筑工业出版社，1994.

1 通道最小宽度（单位：m）

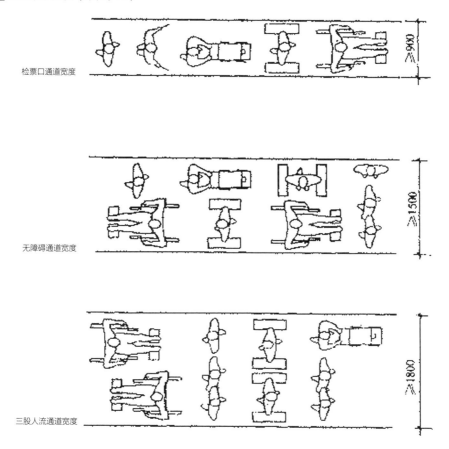

检票口通道宽度 ≥900

无障碍通道宽度 ≥1500

三股人流通道宽度 ≥1800

2 候车厅安全出口设置

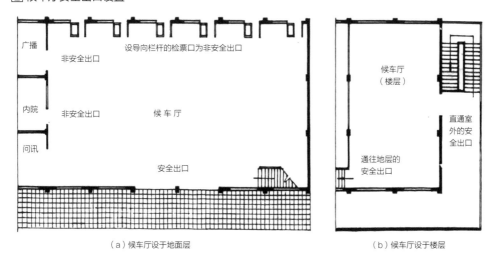

（a）候车厅设于地面层　　　　　　　（b）候车厅设于楼层

2.3.10 售票处

售票处是长途汽车客运站重要的组成部分之一，也是客运站各功能空间之间联系的枢纽。它的功能作用在客运站设计中是不可或缺的。联系和组织人群在售票处的流线，以及处理好售票处与客运站其他各功能空间之间的流线关系，是设计好售票处的关键。

不同等级售票处的组成部分也不尽相同，按照客运站的等级划分，主要由售票厅、售票室、票据库以及办公室四部分组成。参见①、②重庆客运站售票处平面布局。③中旅客流线方框图简明地表达了其功能关系。

⊙ 售票厅

1）形式

售票厅形式有四种常见类型：分向售票式、按长短途售票式、袋形售票式以及双向售票式。

（1）分向售票式：分向售票的情况比较少见，通常是指一些客运站所处地理位置较明显有两个方向的发车业务，且总图上有可能设置两个既有联系又各自独立的停车、发车场地的时候，其售票厅便可以分别设置（参见④）。这种处理方法，无论从管理或使用均较为方便。

（2）按长短途售票式：从前的"短途"概念，是指 30 km 以内的路程。现今城市公交系统迅猛发展，30 km 以内的交通已经成为公共汽车和出租车的控制范围，不属于公路汽车客运业务。如在同一条运营线路上，发车次数较为频繁，所用车型以中型为主，发车频率高峰期时每个发车位（可不设在行包通廊下，但必须在站内且设有站台）每小时可发车五六个班次或更多，即可认为是一种新的"短途"概念（参见⑤）。

（3）袋形售票式：这种方式比较常见。根据设计时的不同情况，可分成纵向及横向两种（参见⑥）。

（4）双向售票式：这种方式应用很少，针对基地条件受限、有两个方向主要人流的客运站（参见⑦）。

2）面积

售票厅的面积及使用功能根据客运站的等级不同，可以有多种设置方式。按照级别，一、二、三级站售票厅需单独设置；四、五级站因旅客较少，将售票厅与候车厅合用较为经济。

售票厅的面积是由售票窗口的数量决定的（参见第 96 页①），窗口个数的多少以客源站候车最多聚集的人数为依据。根据《交通客运站建筑设计规范》（JGJ/T 60—2012）和中华人民共和国交通行业标准《汽车客运站级别划分和建设要求》（JT/T 200—2004）的规定，一般每 120 人设置一个售票窗口（120 人为每小时每个窗口可售票数），不足的尾数也可以设置一个（售票窗口数=旅客最高聚集人数 / 每窗口每小时售票张数；售票厅面积＝ 20.0 m² / 窗口 × 售票窗口数）。

3）空间尺度

第 97 页②显示了售票厅的纵向尺寸和空间组成。售票厅应该包含有一个长 12 m ~ 13 m 的袋形排队空间，以及一个供步行的 3 ~ 4 m 的通道区。这两部分空间可以较好地将售票厅的人群进行组织。售票厅不能兼作过厅，以保证人们正常购票。

① 、② 资料来源：毛兵，沈欣荣，王蕾蕾，等. 客运站建筑设计 [M]. 北京：中国建筑工业出版社，2007.
③ —⑦ 资料来源：《建筑设计资料集》编委会. 建筑设计资料集（第二版）6[M]. 北京：中国建筑工业出版社，1994.

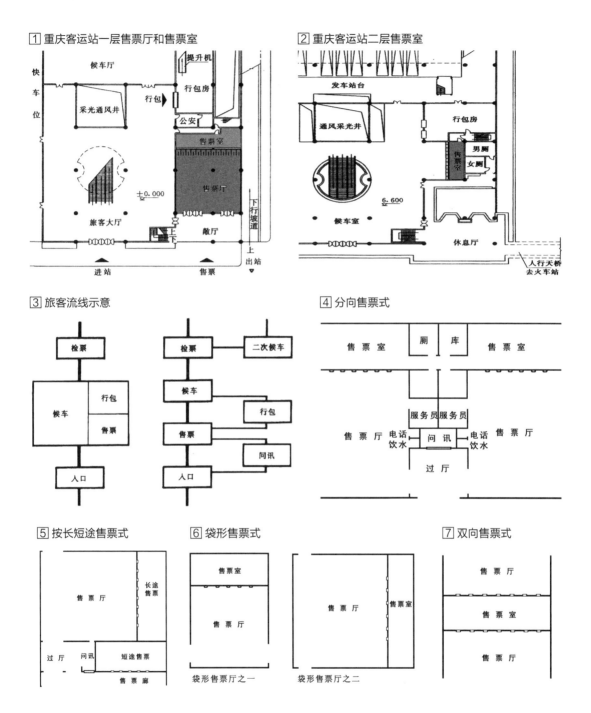

4）结构形式

售票厅的结构形式一般根据主体结构形式而定，多以框架结构为主。考虑到售票厅除问询外，应具有较强的指示性，便于购票，建议在设计时尽量保持其四周墙面的完整，用以设置时刻表、票价、线路更换情况的指示牌（参见 ①）。另外，售票厅同其他人们聚集的空间一样，采光、通风条件也很重要，但无论是争取天然采光、通风，还是利用人工设备解决这些问题，均应满足《交通客运站建筑设计规范》的相关规定，保证旅客在公共场所的基本卫生要求。售票厅基本尺寸参见 ②、③。

◉ **售票室**

售票室是整个售票处的另一重要组成部分，与售票厅之间一般通过墙体或玻璃窗分隔。售票室内部空间布置较为简单，通常靠近售票厅一侧设有工作人员的工作台或桌椅，其进深长度不应小于 1.2 m，工作台之间宜设矮隔断，保证工作人员工作互不影响。售票室另一侧通常设有卷柜存放文件或私人物品，宽度在 0.5 m ～ 0.6 m 为宜；其间还应保持 2.4 m 左右的自由活动空间。依据售票室内家具及人体活动尺寸需要，整个售票室的总体进深不应小于 4.0 m。售票室的常规平面布局形式及其具体尺寸大小参见 ④。售票室地面高差处理方式参见 ⑤。

1）面积

售票室面积＝ 6.0 m²/ 窗口 × 售票窗口数＋ 15.0 m²。采用微机售票时应增设 20.0 m² 的总控室。

2）售票窗口断面构造

售票窗口处的具体做法有三种，参见 ⑥。（a）是简易式，售票台面靠近旅客一侧带有明显收分，既保护墙面清洁，又避免旅客衣裤在墙面的磨损；（b）除了收分之外，在靠近台面上端的位置设计了物品盛放台，便于旅客使用，是一种人性化的手法；（c）的做法没有收分，但售票台面出挑的做法同样达到了方便旅客、保护墙面的目的，同时施工简单方便。

◉ **票据库**

四级车站以上级别应附设不小于 9.0 m² 的票据库，票据库和办公室应尽量与售票厅、售票室紧密相连，便于出入，构成客运站统一的售票体系，便于管理使用。此外，售票处的票据库与办公室应参照相关设计规范保证工作人员到达其内部有单独的出入口。票据库应有与客运站等级相适应的安全保护级别，并注意防火、防盗及抗震要求。

① **售票厅墙面布置——营口客运站售票厅实景**

① 资料来源：毛兵，沈欣荣，王蕾蕾，等. 客运站建筑设计 [M]. 北京：中国建筑工业出版社，2007.
②—⑥ 资料来源：章竟屋. 汽车客运站建筑设计 [M]. 北京：中国建筑工业出版社，2000.

② 售票窗口尺寸（单位：mm）

③ 传统售票厅面积计算方法

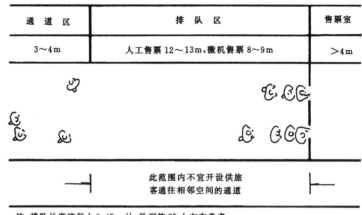

通 道 区	排 队 区	售票室
3～4m	人工售票 12～13m，微机售票 8～9m	＞4m

此范围内不宜开设供旅客通往相邻空间的通道

注：排队长度按每人 0.45m 计，队列按 25 人左右考虑

④ 售票室平面布置

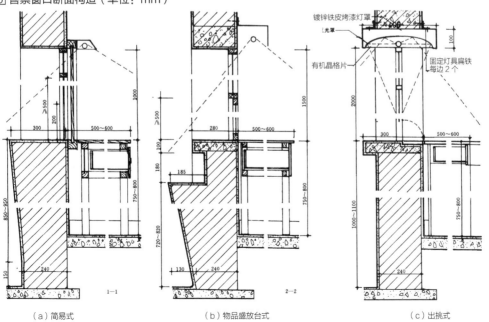

⑤ 售票室地面处理方式

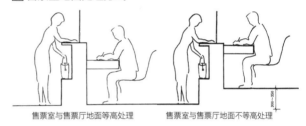

售票室与售票厅地面等高处理　　售票室与售票厅地面不等高处理

⑥ 售票窗口断面构造（单位：mm）

（a）简易式　　　　　　（b）物品盛放台式　　　　　　（c）出挑式

2.3.11 行包业务

旅客在旅行途中，当随身携带的行包超出客运站在重量、大小上的规定时，就需按客运站行包托运的要求，办理行包托运业务，一般这些行包随旅客同车运达目的地，旅客再经行包房提取，这就完成一次行包托、取手续。按照承托及提取功能进行相关设计，也是汽车客运站建筑设计的重要内容之一。行包房、行包装卸廊应配置防火、防盗、防鼠、防水、防潮等设施。如岳阳市汽车站的行包业务用房布局，参见 ①。

◉ **行包房与其他空间的关系**

行包业务一般由托运（提取）厅、行包房和行包装卸廊三部分组成，其中托运（提取）厅为旅客活动空间，其余两个部门旅客不得介入，客流不应与其交叉，以免干扰行包作业的安全和正常工作。行包房与售票厅关系参见 ②，货流处理方式参见 ③。

◉ **行包业务用房面积**

根据中华人民共和国交通行业标准《汽车客运站级别划分和建设要求》（JT/T 200—2004）的规定：

行包托运处面积＝托运厅面积＋受理作业室面积＋行包库房面积，其中：

托运厅面积＝ 25.0 m²/ 托运单元 × 托运单元数。

受理作业室面积＝ 20.0 m²/ 托运单元 × 托运单元数。

行包库房面积＝ 0.1 m²/ 人 × 设计年度旅客最高聚集人数＋ 15.0 m²。

托运单元数：一级车站 2 ～ 4 个；二级车站 2 个；三、四级车站 1 个。

行包提取处面积按托运处面积的 30% ～ 50% 计算。

行包装卸廊的面积为行包装卸廊之最小宽度 3.6 m × 有效发车位中距 × 有效发车位数。

◉ **行包装卸廊**

行包装卸廊虽是行包业务的主要设施，但在《汽车客运站建筑设计规范》条文中是以"可"设行包装卸廊来编制的，这说明它不是唯一的手段。下侧装载行包的大型长途客车发展很快，已有取代上置货物式客车的趋势，但在一些中小型城市及城乡运输中，上置货物式客车还是占主要位置，它有成本低、对路况要求低的先天优势。因此行包装卸廊还有其存在的必要。

行包装卸廊的平面一般应随站台的布局设置，客流不得通过行包装卸廊。行包装卸廊与站场间应设简捷的垂直交通设施，行包在装卸廊上的输送可用电瓶车、手推平板车，也可用皮带输送机。参见 ④、⑤。

行包装卸廊根据地区情况差异设为封闭式或开敞式均可。如果为开敞式其栏杆高度不应低于 1.2 m。无论封闭式或开敞式均应在车位处开设推拉门供上车顶装载行包，其宽度不应小于 1.2 m。在装载口上设外开门是很危险的，万一车尚未到位，外开门就容易引发不必要的事故。在装载口可设内开门，内开门虽然较为安全，但需要开启的空间，不及推拉门既安全又不影响活动空间。行包装卸廊的长度及开口数应与发车位相适应，宽度不应小于 3.6 m。高度应高于客车，与车顶行包平台相对高差不宜大于 0.3 m。行包装卸廊的平顶一般应设吸顶灯，以免较长的托运物体碰损灯具。行包装卸廊的栏杆应考虑承受向外水平推力时的整体构造强度，栏杆高度不应小于 1.2 m，车位处应设推拉门，宽度不宜小于 1.2 m。

① 资料来源：毛兵，沈欣荣，王蕾蕾，等. 客运站建筑设计 [M]. 北京：中国建筑工业出版社，2007.
② —⑤ 资料来源：《建筑设计资料集》编委会. 建筑设计资料集（第二版）6[M]. 北京：中国建筑工业出版社，1994.

1 岳阳市汽车站一、二层平面行包业务用房的布局

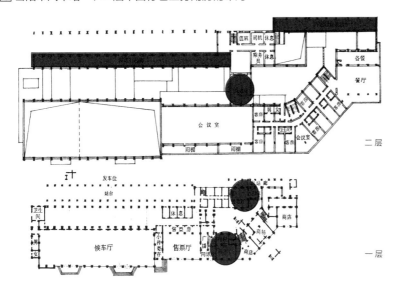

2 行包房与售票厅关系

（a）行包、零担集中布置

（b）行包、售票、候车集中布置

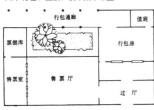

（c）通廊庭院式布置

3 货物处理方式

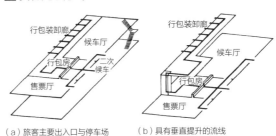

（a）旅客主要出入口与停车场
有较大高差时的流线

（b）具有垂直提升的流线

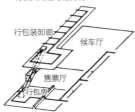

（c）具有坡道提升的流线

4 采用电瓶车的行包装卸廊

5 采用输送带的行包装卸廊

◉ 托运口及提升设施

1）托运口

托运口是承办托运手续的地方，其内为设置桌、椅的行包员工作面，窗口处设台秤，另一侧为手推平板车（或电瓶车），一般一组托运单元基本设施的最小净宽为 3.3 m。其大致工作面参见 ①。

托运口一般可采用敞开式或窗口式。②为两种适合四级站的敞开式托运口，工作面较为紧凑，在停止营业时一般仅关闭托运厅的出入口，而在托运口不再设卷闸门或其他关闭设施。由于低等级站业务量也小，正常班车发送后，仅有一些过境车，上下旅客不多，按敞开式设置方便管理使用。

③为两种窗口式托运口，一种为玻璃隔断、局部设推拉窗，另一种为全开启卷闸门。它们有可关闭的窗口，适合一、二、三级站选用。根据站级规模需要，一级站一般应设两到三个窗口办理托运业务。这种托运口的形式能够满足高峰期站务工作量的需要，也可以在非高峰期按需关闭部分窗口，灵活调节。

无论采用敞开式或窗口式，一般托运口台面高度不宜大于 0.5 m，如果太高，会对旅客提托较重、较大物品造成不便。台面应为光滑耐磨整体面层制作。

2）提升设施

从行包库房至行包装卸廊一般会存在一个较大的高差，在这种情况下，行包的垂直运输需采用一些机械设施，常采用货梯，可按行包量选用装载量及其体积，货梯设备位置应考虑与水平运输的关系。

行包的垂直运输也可采用斜坡卷扬机滑车提升，这种设施成本低，易维修。滑车大小应考虑一次输送量能满足一趟班车的行包量，这样在日常管理上较为方便，避免错装、漏装而造成混乱作业。作业量较大时，也可在此基础上加以改进为双道式，一上、一下同时运行，可以大大提高输送量。斜道机械提升之示意图参见 ④，设施简易。

行包垂直输送也可采用皮带式输送机，采用此方案应结合行包装卸廊水平皮带输送机一并考虑。这种输送方式输送量大，操作方便，但设计时应考虑在行包装卸廊上有一定的行包暂存空间，因为水平皮带输送后，必须卸下暂放，等待行包员提走。斜坡皮带输送还应考虑其倾斜度，保证行包在斜度限量内安全输送到行包装卸廊之高度。

随着下侧装载行包的新型客车日益增多，行包装卸机械和传输设施的设置应按需进行，不宜过多。

---

① — ④资料来源：章竟屋. 汽车客运站建筑设计 [M]. 北京：中国建筑工业出版社，2000.

1 托运单元（单位：mm）

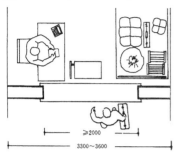

2 敞开式托运口（单位：mm）

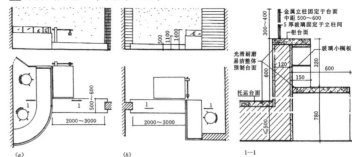

3 窗口式托运口（单位：mm）

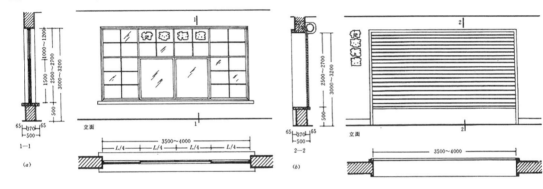

4 斜道机械提升（单位：mm）

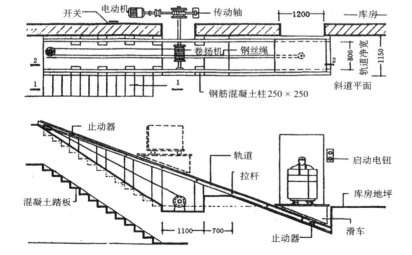

2.3.12 站台与有效发车位

◉ **站台**

站台是汽车客运站的必要组成部分，也是联系候车厅和发车位的关键部分，大量的旅客正是通过这里顺利上车。同时它也是保证旅客在发车区有安全感的重要设施之一，是组织旅客上车的地点。因此站台应伸向每一个有效发车位，它的设置应有利于旅客的上下车、行包的装卸和车辆的运转，这三点是站台设置所必要的功能要求。站台的净宽不应小于 2.5 m。参见 ① 客车与站台相关剖面图，图示后轮与站台关系、后悬部分与站台净宽关系。

1）站台平面形式

站台平面与候车厅以及停车场内的调度车道有关，候车厅、站台、调度车道三者应整体布置。此三者受场地限制较大，因此要综合考虑场地内的有关因素，确定三者的布局，从而选定合理的站台形式。站台的平面形式主要有一字式、锯齿式、弧形扇面式以及分列式等（参见 ②—⑤）。

2）站台结构

站台通常与其上方的行包装卸廊、雨棚等同时考虑，就结构和功能方面的要求而言，站台要求设置支承柱来承托其上的荷载。一般柱网的设置中距受客车的宽度和旅客的通行宽度影响，柱距不应小于 3.9 m，也有的客运站采用 3.9 m 的倍数设置柱网。柱网的设定由实际的设计条件确定，例如：重庆汽车站的柱网为 12.0 m × 10.8 m，这个尺寸是按照客车的尺寸而确定的。普通的大型客车外廓尺寸为长 × 宽 × 高 = 12.0 m × 2.5 m × 3.2 m，两车之间还要有 0.8 m 的间距，因此 12.0 m 的宽度可以放置三台大型客车。

目前的汽车客运站多设置在多层或高层建筑的底部，作为一个整体的建筑设置。柱网的设置受到多层或高层部分的影响，下部受到的荷载较大。因此，站台上的柱结构断面要求较大，中心柱距要相应加大。柱间净宽不应小于 3.5 m，以保证车站进出车和旅客上下车的安全和方便。

为保证站台上旅客和站务人员的正常通行，还要除去客车的后悬部分在站台上所占的部分，站台柱网与候车厅外墙面或外墙面的壁柱外突部位之间的净宽不应小于 2.5 m。

①—⑤ 资料来源：《建筑设计资料集》编委会. 建筑设计资料集（第二版）6[M]. 北京：中国建筑工业出版社，1994.

[1] 乌鲁木齐长途汽车站站台剖面图

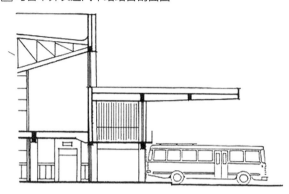

[2] 一字式站台

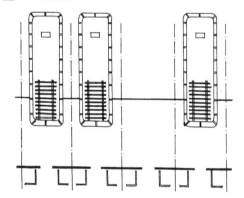

[3] 锯齿式站台

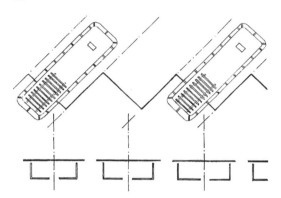

[4] 弧形扇面式站台

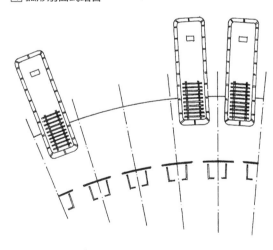

[5] 分列式站台

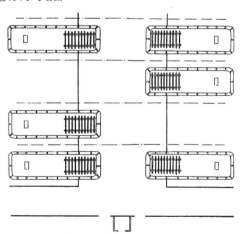

3）站台雨棚

旅客经购票、行包托运、候车、检票到站台等待上车，这部分活动是户外的，因此要有一定的遮蔽措施来保证旅客免受烈日的照射和雨淋。当站台上部是行包装卸廊时，行包及装卸行包的工作人员也需要有一定的遮蔽措施。旅客到达目的地后，从客车门经由站台到出站口的活动过程，同样要求有雨棚的存在。

位于车位装卸作业区的站台雨棚，为满足功能要求，净高不应小于 5.0 m。考虑到不应影响雨棚下部的行车和行包装卸，站台雨棚下不应设悬挂式灯具。

为保证旅客不受日晒雨淋，雨棚伸出建筑的长度应使车门位于雨棚的垂直投影内。随着交通设施的发展，客车的形式也呈多样化发展，车门的位置不尽相同，有的位于客车前部，有的位于客车中部，也有的位于客车中部偏前，雨棚的长度受此影响也不相同。同时，车门与检票口的相对位置还受到客车顺车还是倒车进入发车位的影响。在车顶上装卸行包的客车，一般都应该倒车进入有效发车位，而在车下部装卸行包的客车，就不特别规定是倒车还是顺车进入。所以确定雨棚长度时还应综合考虑各种车型和多种不利因素的影响。

雨棚的构造形式按照是否设置支承柱而分为支承式雨棚和悬挑式雨棚，无论选择哪一种，主要是满足雨棚的基本设置要求，即在有效发车位和站台之间形成较大的遮蔽空间以保证旅客避免日晒雨淋（参见①—⑤）。

⊙ **有效发车位**

有效发车位位于站台和停车场之间，是旅客经检票准备上车的始发位置。过去在汽车客运站建筑设计中，多以候车厅的大小作为规模的概念，随着时代的进步，只有有效发车位的数量才能全面反映发送旅客量的多少和站级的规模。在设计的过程中，许多功能房间的面积计算都与有效发车位有关，例如停车场。

1）发车位面积

发车位面积＝ 2× 客车投影面积 × 发车位数。

2）必须满足要求

（1）有效发车位与候车厅检票口间必须设置站台，以组织旅客进站上车。

（2）对于有行包装卸廊的客运站，有效发车位可与行包装卸廊一同设置。

（3）为保证站台和有效发车位的安全和卫生，有效发车位上方局部必须设置雨棚，雨棚伸入有效发车位的长度视情况而定。此外，有效发车位与站台相连，要求与站台的高差不应小于 0.15 m。并且为了满足场地排水以及进车时减速、方便发车等要求，发车位的地坪应设不小于 5‰的坡度坡向调车道。

①—②资料来源：章竟屋. 汽车客运站建筑设计 [M]. 北京：中国建筑工业出版社，2000.
③资料来源：建筑世界杂志社. 交通建筑Ⅱ[M]. 天津：天津大学出版社，2001.
④资料来源：毛兵，沈欣荣，王蕾蕾，等. 客运站建筑设计 [M]. 北京：中国建筑工业出版社，2007.
⑤资料来源：建筑世界杂志社. 交通建筑Ⅱ[M]. 天津：天津大学出版社，2001.

1 单柱支撑雨棚

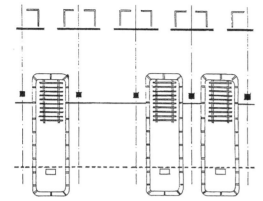

2 双柱支撑雨棚

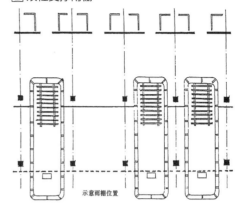

示意雨棚位置

3 韩国清州客运站候车雨棚——悬挑式

4 某客运站钢结构雨棚——单柱支撑

5 韩国清州客运站一层平面图——锯齿式站台

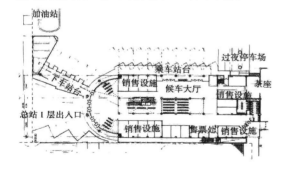

2.3.13 停车场区设计

停车场内的行车路线必须明确，尽量采用单向行驶，并应设置明显的标志。为保证客车在停车场内出入、通行、停放的安全与顺畅，停车位的尺寸、通道的设置必须满足有关参数的要求，特别是机动车的回转轨迹、通道的线型及宽度等（参见①）。

⦿ 停车场的面积

停车场的最大容量按同期发车量的 6 倍考虑、每个车位占用面积按客车投影面积的 3 倍计算，即：停车场面积＝18×客车投影面积 × 发车位数。

⦿ 旅客到站区

客运站一般在停车场内靠近停车场进口处结合站房设置进站车辆停靠区，一、二级客运站还应设置下车站台，供到站旅客停靠下车。下车站台应与站房或发车站台相结合，设置单独的出站口通向站前广场，并应与行包提取厅有紧密联系，利于引导人流迅速疏散出站或转车。不应允许人流在停车场内逗留，出站人流不应与进站车流形成交叉（参见②、第 105 页⑤）。

⦿ 车辆的停放方式

停车场内的停车方式应以占地面积小、疏散方便、保证安全为原则。停放方式主要有三种，即平行式停车、垂直式停车和倾斜式停车（参见③）。在场地宽阔完整的情况下，一般多采用垂直式，用地较为经济。当通道不能满足垂直式停车要求时，也可随地形平行或倾斜停放，倾斜角度可分为 30°、45°、60° 多种。此种方式用地不经济，排列不易整齐，但停车带宽度较小。平行式与倾斜式一般较少采用。应根据地形状况等具体条件选用，也可混合采用几种方式（参见④）。

停车区和发车位的相对位置，要求按照车辆进出运行路线布置，车辆流线要简捷顺畅，各行其道，避免交叉。停车场内车辆宜分组停放，每组停车数量不宜超过 50 辆，车辆停放的横向净距不应小于 0.80 m。尽量做到车辆单独进出，互不干扰。

⦿ 车辆的停驶方式

车辆进出停车场的停驶方式有三种，即：①顺车进倒车出；②倒车进顺车出；③顺车进顺车出（参见⑤）。

①、④、⑤ 资料来源：《建筑设计资料集》编委会. 建筑设计资料集（第二版）6[M]. 北京：中国建筑工业出版社，1994.
② 资料来源：建筑世界杂志社. 交通建筑Ⅱ[M]. 天津：天津大学出版社，2001.
③ 资料来源：王文卿.《城市汽车停车场（库）设计手册》[M]. 北京：中国建筑工业出版社，2002.

1 停车场通道客车活动基本要素（单位：mm）

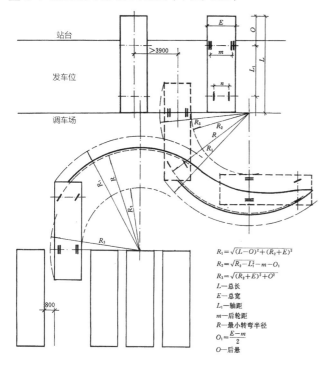

$$R_1 = \sqrt{(L-O)^2 + (R_2+E)^2}$$
$$R_2 = \sqrt{R_2^2 - L_1^2} - m - O_1$$
$$R_3 = \sqrt{(R_2+E)^2 + O^2}$$

L—总长
E—总宽
L_1—轴距
m—后轮距
R—最小转弯半径
$O_1 = \dfrac{E-m}{2}$
O—后悬

4 混合停车示意

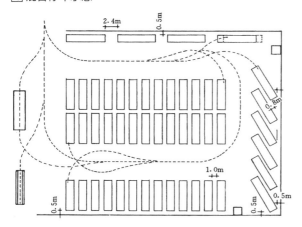

5 车辆停驶方式

所需通道宽度较大，用于行车集中、出车不急的车库

（a）顺车进倒车出

所需通道宽度最小，用于有紧急出车要求的多层、地下车库

（b）倒车进顺车出

所需通道宽度最大，进出方便，用于有紧急出车要求的多层、地下车库

（c）顺车进顺车出

2 韩国清州客运站——下车站台雨棚

3 三种停车方式（单位：mm）

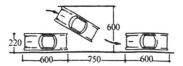

（a）平行停车：停车和出入所需宽度最小，常用于交通量大的道路旁

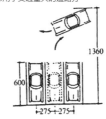

（b）垂直式停车：停车和出入所需之宽度最大，但长度最短

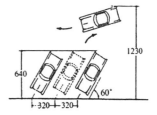

（c）60°倾斜式停车：斜向停车按道路和停车场的实际情况进行设计

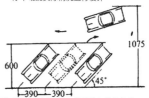

（d）45°倾斜停车：按道路和停车场的实际情况进行设计

⊙ 汽车车型和基本尺寸

停车场停放的汽车车型主要以中型客车、大型客车及特大型客车为主。其基本尺寸参见 ①。

⊙ 车行通道

1）通道的宽度

停车场停车所需通道的宽度与车辆的型号及停驶方式有关。②为汽车通道计算方法。《交通客运站建筑设计规范》（JGJ/T 60—2012）对其作了如下规定：①发车位和停车区前的出车通道净宽不应小于 12 m；②停车场的进、出站通道，单车道净宽不应小于 4 m，双车道净宽不应小于 6 m，因地形高差通道为坡道时，双车道则不应小于 7 m；③通向洗车设施及检修台前的通道应保持不小于 10 m 的直道。

2）回转轨迹与回转半径

汽车在弯道上行驶时，它的前后轮及车体前后突出部分的回转轨迹将随着转弯半径的变化而变化。汽车的最小回转半径（参见 ③）是使汽车在停车场内转弯时，车体不与道边的墙、柱、车辆等发生擦撞所需弯道的最小宽度。为节省空间，宜采用最经济尺度布置通道及停车位，汽车回转轨迹的校核公式参见 ④。

① 、 ② 资料来源：《建筑设计资料集》编委会.建筑设计资料集（第二版）6[M].北京：中国建筑工业出版社，1994.
③ 、 ④ 资料来源：章竟屋.汽车客运站建筑设计[M].中国建筑工业出版社，2000.

1 客车基本尺寸参考

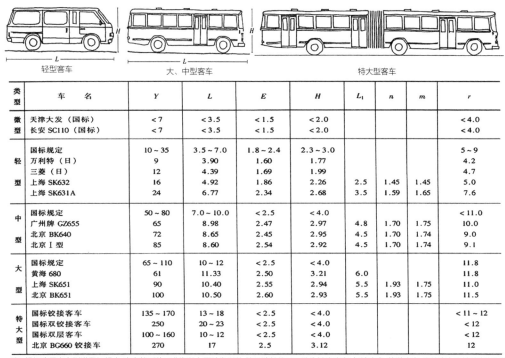

轻型客车　　　　　大、中型客车　　　　　特大型客车

类型	车　　名	Y	L	E	H	L_1	n	m	r
微型	天津大发（国标）	<7	<3.5	<1.5	<2.0				<4.0
	长安 SC110（国标）	<7	<3.5	<1.5	<2.0				<4.0
轻型	国标规定	10~35	3.5~7.0	1.8~2.4	2.3~3.0				5~9
	万利特（日）	9	3.90	1.60	1.77				4.2
	三菱（日）	12	4.39	1.69	1.99				4.7
	上海 SK632	16	4.92	1.86	2.26	2.5	1.45	1.45	5.0
	上海 SK631A	24	6.77	2.34	2.68	3.5	1.59	1.65	7.6
中型	国标规定	50~80	7.0~10.0	<2.5	<4.0				<11.0
	广州牌 GZ655	65	8.98	2.47	2.97	4.8	1.70	1.75	10.0
	北京 BK640	72	8.65	2.45	2.95	4.5	1.70	1.74	9.0
	北京Ⅰ型	85	8.60	2.54	2.92	4.5	1.70	1.74	9.1
大型	国标规定	65~110	10~12	<2.5	<4.0				11.8
	黄海 680	61	11.33	2.50	3.21	6.0			11.8
	上海 SK651	90	10.40	2.55	2.94	5.5	1.93	1.75	11.0
	北京 BK651	100	10.50	2.60	2.93	5.5	1.93	1.75	11.5
特大型	国标铰接客车	135~170	13~18	<2.5	<4.0				<11~12
	国标双铰接客车	250	20~23	<2.5	<4.0				<12
	国标双层客车	100~160	10~12	<2.5	<4.0				<12
	北京 BG660 铰接车	270	17	2.5	3.12				12

注：根据我国客车车型谱国际规定，客车按形体可分为以上五种类型外，按用途结构又可分为城市客车、长途客车、旅游客车、团体客车及特种客车五类。
　　L- 全长（m）　E- 全宽（m）　H- 全高（m）　Y- 座位数（人）　L_1- 轴距（m）　n- 前轮距（m）　m- 后轮距（m）　r- 最小转弯半径（m）

2 汽车通道计算

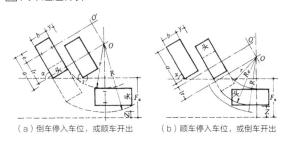

（a）倒车停入车位，或顺车开出　　（b）顺车停入车位，或倒车开出

a.　$F_a = R + Z - \sin\alpha[(r+b)ctg\alpha+(a-e)-lr]$
　　其中：$lr = (a-e) - \sqrt{(r-s)^2 - (r-y)^2} + (y+b)ctg\alpha$
　　　　　$R = \sqrt{(l+d)^2 + (r+b)^2}$　　$r = \sqrt{r_1^2 - l^2} - (b+n)/2$
　　当 $\alpha = 90°$ 时，　$F_{90} = R + Z - \sqrt{(r-s)^2 - (r-y)^2}$
b.　$F_a = Re + Z - \sin\alpha[(r+b)ctg\alpha + e - lr]$
　　其中：$lr = e + \sqrt{(R+s)^2 - (r+b-y)^2} - (y+b)ctg\alpha$
　　　　　$Re = \sqrt{(r+b)^2 + e^2}$
　　当 $\alpha = 90°$ 时，　$F_{90} = Re + Z + \sqrt{(R+s)^2 - (r+b+y)^2}$
　　Z= 行车与车或墙安全距 =100cm

n = 前轮距
m = 后轮距
l = 轴距
d = 前悬
e = 后悬
r_1 = 最小回转半径
y = 车与车间距
　 = 60cm
s = 出入口与邻车
安全距 =30cm

3 停车场车辆最小转弯半径

车辆类型	最小转弯半径（m）
铰接车	13.00
大型汽车	12.00
中型汽车	9.00
小型汽车	6.00

4 汽车通道计算

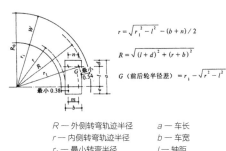

$r = \sqrt{r_1^2 - l^2} - (b+n)/2$

$R = \sqrt{(l+d)^2 + (r+b)^2}$

G（前后轮径差）$= r_1 - \sqrt{r^2 - l^2}$

R — 外侧转弯轨迹半径　　a — 车长
r — 内侧转弯轨迹半径　　b — 车宽
r_1 — 最小转弯半径　　　l — 轴距
R_0 — 环道外半径　　　　n — 前轮距
r_i — 环道内半径　　　　m — 后轮距
W — 最小道宽　　　　　　G — 前后轮半径差
　　　　　　　　　　　　d — 前悬
　　　　　　　　　　　　e — 后悬

◉ **停车场出入口**

出入口是停车场与外部道路取得联系的接入点，车辆出入停车场的必经之处，其数量、宽度取决于停车场的停车泊位数及场地条件。一、二级站由于班次较多，车辆进出站较频繁，停车场的汽车疏散口不应少于两个，宜分别设置出口和入口，并保持净距大于 10 m 的要求；三、四级站适宜分别设置进出站口，在基地面积、地形等受限制、停车数量不超过 50 辆时，则可设一条通道作进出车之用，汽车进出站口的宽度不应小于 4 m。停车场出入口的宽度一般不小于 7 m，如出口和入口不得已合用时，其进出通道的宽度应为双车道，宜采用 9 ~ 10 m 的宽度。机动车停车场的出入口还应符合行车视距的要求，具有良好的通视条件，其通视距离一般不小于 50 m，并设置交通标志。出入口向内经通道，应能方便地通达停车泊位，满足车辆一次进出的要求。出入口对外与城市道路之间既要联系方便，也应尽量减少对城市道路交通的干扰。通视要求参见 ⊡。

◉ **其他附属设施**

停车场还可根据客运站的级别、使用要求和基地的具体条件，配置相应的低级保养、车辆清洗等辅助设施，并按有关规定设置水、电等市政设施。此外，停车场内还可根据需要设置办公管理、生活服务等设施，合理布置洗车设施及检修台。

1）汽车安全检验台（沟、室）

汽车安全检验台（沟、室）面积根据检测项目与检测方式，按每个台位 80 ~ 120 m² 计算。在进入就位前应保持一段不小于 10 m 的直道。

2）汽车尾气测试室

汽车尾气测试室面积视情况选取：一级车站 120 ~ 180 m²；二级车站 60 ~ 120 m²。

3）车辆清洁、洗车台

车辆清洁、清洗台面积根据洗车方式和污水处理与回收系统的形式，按每个 90 ~ 120 m² 计算。在进入就位前应保持一段不小于 10 m 的直道，利于安全，还应注意排水。冲洗设施参见 ⊡、⊡。

4）司乘公寓

司乘公寓面积按日均发车班次，每 10 班次按 20 m² 计算，即：

司乘公寓面积＝ 2× 日发车班次数 m²。

⊡ **车辆出入口通视要求**

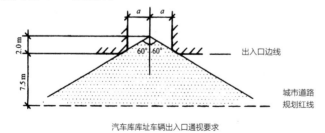

汽车库库址车辆出入口通视要求

⊡ 资料来源：《建筑设计资料集》编委会 . 建筑设计资料集（第二版）6[M]. 北京：中国建筑工业出版社，1994.
⊡、⊡ 资料来源：章竟屋 . 汽车客运站建筑设计 [M]. 北京：中国建筑工业出版社，2000.

2 平台式冲洗设施（单位：mm）

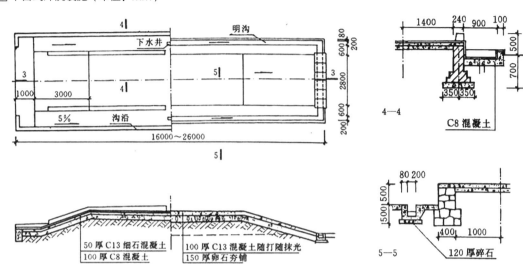

3 槽式冲洗设施（单位：mm）

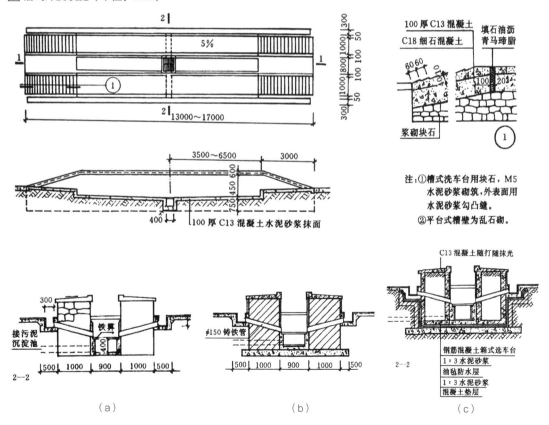

注：①槽式洗车台用块石，M5
水泥砂浆砌筑，外表面用
水泥砂浆勾凸缝。
②平台式槽壁为乱石砌。

（a）　　　　（b）　　　　（c）

2.3.14 附属建筑

附属建筑，也称辅助建筑或配套建筑，在功能上属于为完善主体建筑正常营运所需的设施、设备而建的建筑。汽车客运站的附属建筑应视站级及环境条件而设置。附属建筑一般包括维修车间、锅炉房、变配电及发电机房等。其他如司乘公寓、单身宿舍、食堂、浴室等，按建设标准属服务类建筑，此处不再展开。

⊙ 维修车间

一、二级站可根据设计需要设置维修车间，三级站以下则无需考虑。一、二级站若需设置，应具有车辆安全检验设备及车辆维修设备，供一般检验维修之用，还应设置辅助车间及材料库等（参见 [1]）。维修车间在经营和管理上有一定的独立性，在总平面布局时应注意其一些特殊的要求，如与停车场应有间隔，但又应设通道供待修及修缮车辆进出。此外，当基地周边有两条以上主次干道时，维修车间应邻次干道，以便车辆进出。

⊙ 锅炉房

地处严寒及寒冷地区的汽车客运站应考虑供热采暖的需要，如城市无热力管网和工业余热可以利用时，可自建锅炉房。锅炉房以燃煤为主，在总平面布局时应注意锅炉房的相关要求：①有足够的存煤场地和进煤出渣的通道；②不宜邻近主体建筑或与主体建筑并列于城市主干道上，以免影响观瞻；③与主要负荷需求区有合理的距离；④地下热力管网应避免与停车场主要通道交叉（参见 [2]）。

以上四点全部满足有一定难度，但应尽量使锅炉房有一合理的空间位置。在锅炉房附近可考虑并列合建的有浴室、食堂等服务类建筑。

⊙ 变配电及发电机房

按《交通客运站建筑设计规范》（JGJ/T 60—2012）和《建筑电气设计技术规程》（JGJ 16—83）供电系统负荷分级要求规定，凡属中断供电将造成公共场所秩序混乱者，应按二级负荷设计供电系统。客车一般发出在黎明时较多，全天最大候车人数出现在此时，旅客活动场所均需照明。二级负荷应由两个电源即两回路供电，变压器亦应有两台（两台变压器不一定在同一变电所）。为保证在变配电设备检修以及突然停电时，站场能继续安全营运，可设备用小容量柴油发电设施。

按上述要求配备变配电及发电机房，在总平面所处位置应作仔细研究，以便市电进线。变配电线路应考虑电缆地下敷设为好。现今汽车客运站与其他公共场所综合开发建设已屡见不鲜，按此则其供电系统应一并考虑，应按等级高者考虑一切设施及设备容量以及变配电及发电机房等（参见 [3]）。

[1] 资料来源：乐嘉龙 . 售车中心 加油站 停车场设计图集 [M]. 北京：中国建材工业出版社，2004.

1 车辆维修车间实例（单位：m）

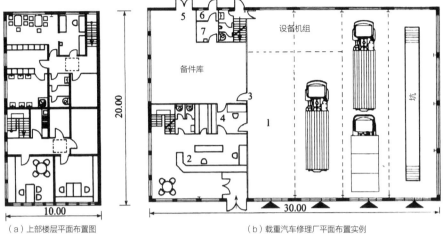

（a）上部楼层平面布置图　　　　　　　　　　　（b）载重汽车修理厂平面布置实例

| 1. 维修车间 | 2. 备件库 | 3. 厂部办公室、验收处、会计室 | 4. 供热室 | 5. 压缩机房 | 6. 休息室 |
| 7. 更衣室 | 8. 盥洗室 | 9.（工作人员用）厕所 | 10. 洗车场 | 11.（顾客用）厕所 | 12. 谈判室 | 13. 停车场 |

2 锅炉房设备布置平面图（单位：mm）

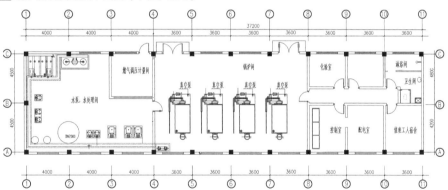

3 变电所及发电机房布置平面图（单位：mm）

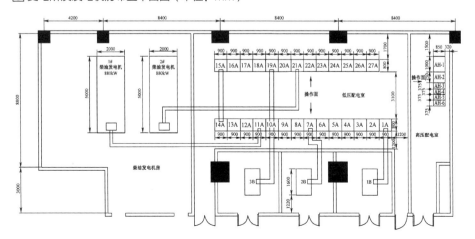

2.4 细部设计——技术、构造知识的融入

2.4.1 关于技术问题

建筑设计是一个从整体到局部再到细部不断推敲和逐步完善的过程。建筑细部是构成建筑整体的重要组成部分，细部设计是设计过程必不可少的重要步骤之一。整体构思固然重要，细部处理的好坏对于建筑设计的成败某种程度上同样能够起到决定性作用。建筑细部的重要性不仅体现在能够满足建筑的某种实用性要求，更在于其对审美价值、社会和文化特征的体现。

◉ **细部设计原则**

①协调性原则：细部的形式创作、功能表达和意义传递等应与建筑整体的造型和风格保持一致，细部的形式、色彩、材料以及风格等要服从整体设计要求，成为建筑整体的有机组成部分，而非各自独立；②统一性原则：细部形式要体现出细部的作用、功能与意义；③技术性原则：要符合相关技术的要求，并通过技术上的设计，实施细部形式。

◉ **技术与细部设计**

1）结构与细部

结构是采用一定的建筑材料，按照一定的力学原理与力学规律构成的建筑骨骼。建筑创作离不开结构设计，优秀的建筑作品必定在合乎结构逻辑的前提下，体现出艺术美，甚至巧妙的结构自身就具有极高的艺术性。在结构方面，细部设计应从整体出发，慎重处理结构掩蔽与暴露的关系。在美学上能够加以发挥和利用的因素，就不轻易地让它消失。合乎情理的外露结构本身就是最自然、最经济的细部形式。

卡拉特拉瓦设计的法国里昂高速铁路车站（参见 ①、②）体现了结构与形式的完美统一，这集中表现在它的屋顶上。屋顶由混凝土、钢、玻璃构成，混凝土为承托构件，具有韵律感的钢和玻璃是维护构件，如同动物的骨骼一样有机，既符合力学原理又形成极富规律感的轮廓线。

2）构造与细部

建筑细部设计中如采光、通风、保温、防热、排水、防噪、防潮等，需要构造手段来达到。从构造要求出发，设计、创造、完善细部形式，是细部设计的又一途径，如雨棚就有各种不同的构造做法。而可用的形式有无数种，真正符合需要的只有一种。只有专心致力于细部节点的推敲，充分发挥其开放性，才能创造出既符合构造要求、又体现形式美的细部形式。

SOM 事务所设计的沙特阿拉伯哈吉航空港的朝圣棚，既仿效当地传统的遮阳方式解决了防热问题，同时也建构了炎热地区巨大的帐篷式屋顶，参见第 73 页 ③。

3）材料与细部

细部形态的创造必须依附于具体的物质材料而存在。因此，从材料出发完善细部形式是建筑细部创作的又一重要途径。材料的特征集中表现在色彩和肌理两方面。在建筑艺术中，色彩是建筑物最重要的立面设计手法之一，同时也是最易创造气氛和传达情感的要素。肌理的设计，首先涉及选材的问题；其次，要对所选材料进行编排、设计，得出最适合的编排结果，即所谓"理"的创造。而拼接是创造肌理形态的主要手段。瓷砖、大理石等材料的单元可拼出各式各样的图案，可见细部肌理设计具有丰富的多样性。其中玻璃、砖、混凝土、石材的材料细部参见 ③ — ⑥。

① 、② 资料来源：建筑世界杂志社. 交通建筑 I [M]. 天津：天津大学出版社，2001.
③ — ⑥ 资料来源：欧内斯特·伯登. 世界典型建筑细部设计 [M]. 北京：中国建筑工业出版社，1997.

1 里昂高速铁路车站外景

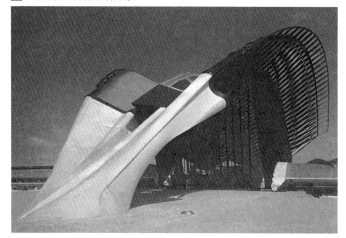

2 里昂高速铁路车站室内细部

3 玻璃的细部

4 砖的细部

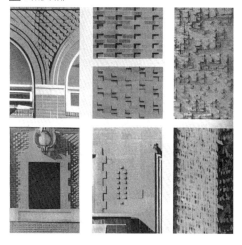

5 混凝土的细部

6 石材的细部

2.4.2 关于比例与尺度问题

⊙ 比例

比例是指要素本身、要素之间、要素与整体之间在度量上的一种制约关系。在建筑设计领域，从全局到每一个细节无不存在这些问题：大小、高低、长短、宽窄、粗细、厚薄、收分、斜度、坡度等是否合适？没有良好的比例关系，建筑就不可能达到真正的统一。

1）几何分析法探索比例

几百年来许多建筑科学家曾以各种不同的方法来探索建筑的比例问题，其中最流行的一种看法是：建筑物的整体，特别是外轮廓以及内部各主要分割线的控制点，凡符合或接近于圆、正三角形、正方形等具有确定比率的简单的几何图形，就可能由于具有某种几何的制约关系而产生和谐统一的效果。

2）以相似形求得和谐统一

各要素之间或要素与整体之间，如果对角线能够保持互相平行或垂直，将有助于产生和谐的感觉。建筑中的门、窗、墙面等要素绝大多数皆呈矩形，而矩形对角线若平行或垂直即意味着各要素具有相同的比率，即各要素均呈相似形。如上海站北广场立面，运用喇叭状的膜结构单元形成屋顶檐口处的装饰带。

3）比例与结构

建筑构图中的比例问题虽然属于形式美的范畴，还是要受到各种因素的制约与影响，其中材料与结构对比例的影响最为显著。

4）比例与传统

不同的民族由于自然条件、社会条件、文化传统的不同，在长期历史发展的过程中，往往也会以其所创造出的独特的比例形式而赋予建筑以独特的风格，它们即使运用大体上相同的材料、结构，但所形成的比例却也各有自己的特色。

⊙ 尺度

尺度指的是建筑物的整体或局部与人之间在度量上的制约关系。这两者如果统一，建筑形象就可以正确反映出建筑物的真实大小。如果不统一，就会歪曲建筑物的真实大小，例如会出现大而不见其大或小题大做等情况。

1）妥善处理可变的要素

尺度在实际处理中并不容易。如穹隆屋顶、门窗、线脚等要素，其形象与大小之间，从建筑处理的观点来看，都有相当大的灵活性，处理不当或超出一定的限度，就会失去应有的尺度感。

2）以不变要素来显示建筑物尺度

通过栏杆、踏步等不变要素往往可以显示出正常的尺度感，这些要素在建筑中所占的比重越大，其作用就越显著。如上海长途汽车客运总站的司乘公寓部分的阳台挑板处理。

就细部设计的比例与尺度问题，上海站（北广场）的立面改造工程可作为范例之一（参见 ①—⑤）。外加的虚体玻璃圆拱廊在功能上协调了售票和候车两个功能空间的交通联系；在造型上既协调了原有上海站实体，又与西侧新建的上海长途汽车客运总站（参见第18页、第19页）在色彩、细部设计等方面遥相呼应。

---

①—⑤资料来源：作者拍摄.

1 上海站（北广场）北侧立面

2 上海站（北广场）东侧立面

3 上海站（北广场）西侧立面

4 悬挂式玻璃雨棚细部

5 檐口细部

2.4.3 屋顶细部设计

屋顶在建筑中起着龙头作用，具有特殊的造型及功能上的意义。它是建筑与天空的衔接界面，处于我们的正常视线之上。在交通建筑设计中，由于建筑结构技术和材料技术的应用，使屋顶呈现出丰富的变化。如大跨度屋顶结构中的薄壳、双曲面、充气张拉膜、悬索结构等。

● 屋顶采光

屋顶采光不仅解决了交通建筑设计中大进深的候车厅、售票厅等采光问题，同时也丰富了建筑屋顶的形态，形成了交通建筑的标识性。

如上海长途汽车客运总站，售票大厅的玻璃顶使室内显得非常明亮，参见 1。北京首都国际机场 T3 航站楼的龙鳞状屋顶采光天窗，参见第 57 页 7。美国丹佛国际机场的双层封闭张拉膜结构的采光分析参见第 73 页 2。采集自然光线的候机厅内景参见 2。

● 屋顶保温、隔热

建筑保温、隔热的重点之一是改善外围护结构的热工性能，使之既达到改善热环境质量的目的，又实现节能的目标。屋顶是建筑外围护结构的重要组成部分之一。

如美国丹佛国际机场的屋顶，是大型封闭张拉膜结构在寒冷地区运用的成功实例。它利用封闭的双层膜之间间隔 0.6 m 的空气间层作为屋顶保温层，其张拉杆顶端部分剖面图参见 3。而 SOM 建筑设计事务所于 1982 年完成的沙特阿拉伯哈吉航空港的朝圣棚设计仿效当地传统的遮阳方式，结合工业化建造手段，通过被动式通风技术（由热压形成的空气流动）建构了炎热地区巨大的帐篷式屋顶，参见第 73 页 3。

● 材料的运用

大跨度结构体系的屋面结构一般选用轻质材料，如金属板材（如压型钢板）、轻质混凝土预制板材等。而框架结构体系或砖混结构体系的屋面结构材料一般选用钢筋混凝土。如香港新九广铁路总站的波涛屋顶设计，其构成是由浪形钢梁支撑着预制的金属屋面板、一些扭转钢蛹挂梁和钢柱支撑着浪形钢梁。高密度的矿棉作隔热层，顶部表面涂敷防水的聚氯乙烯薄膜（参见 4）。

1 资料来源: 现代设计集团华东建筑设计研究院有限公司工程项目.
2、3 资料来源: [韩] 建筑世界杂志社. 交通建筑 I [M]. 天津: 天津大学出版社, 2001.
4 资料来源: 黄华生. 建筑外墙——香港案例 [M]. 北京: 中国计划出版社, 1997.

1 上海长途汽车客运总站售票厅圆锥台状的玻璃顶

2 美国丹佛国际机场候机厅室内

3 美国丹佛国际机场张力杆部分纵、横剖面图

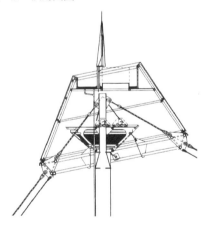
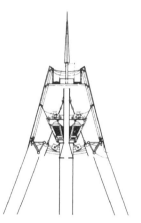

4 香港新九广铁路总站浪涛屋顶

2.4.4 外墙细部设计

作为建筑设计的延续，外墙是对建筑空间形态的调整、补充和完善，对建筑形象的再创造。由于外墙占建筑体形外表面的大量面积，因此必须经过精心设计。在交通建筑设计中，外墙细部先要运用丰富的层次、充满激情的几何元素以及合适比例、材料组合令建筑具有灵性；再通过构件和色彩，将合理性与美观性完美统一。其中色彩方面一般处理方式有自然生成、环境色、大面积色彩、利用外墙色彩形成特定气氛、色彩的转化意义等。

◉ **外墙细部组成**

外墙分为檐口、墙身和墙脚三部分。檐口好似人的脖子，不但是上升楼身的结束，也是垂直元素的自然生长。檐口细部是衡量建筑物尺度元素的基本单位之一，很多建筑顶部收头就是檐口，处理不好就会头重脚轻、比例失调。墙身好似人体的躯干，起着承上启下的作用。墙脚好似人体的脚，结构上要求稳固、坚实，构造上要求防潮、防水。

◉ **材料的运用**

外墙是建筑的外围护构件，是节能设计涉及的重要构件之一。

传统外墙采用的建造工艺多为砌筑和挂装外墙板（现浇和装配式）。如砌筑类墙体往往采用砖、石、砌块等小块材材料通过砂浆黏结形成，而清水混凝土外墙有现浇和装配式两种。新型外墙多采用轻质悬挂的幕墙体系，包括玻璃幕墙、石材幕墙以及金属板材幕墙等，骨架一般为铝合金型材，面板材料有玻璃（如钢化玻璃、夹层玻璃、夹丝玻璃等）、金属板材、石材、轻质混凝土外墙板等。

香港新九广铁路总站的玻璃幕墙颇具特色（参见 ①—⑤）。建筑采用一种轻盈的凉亭结构的形式，创造出了比原有建筑大一倍多的通道大厅，以满足与内地铁路连接后繁重的运输要求。玻璃凉亭具有明亮和开放的特点，其波浪形钢梁组成了屋顶，并带有一些朝北的天窗。玻璃幕墙形成凉亭通透的外围护结构，其中玻璃板块尺寸为 3.00 m×1.22 m，钢构架网格宽度为 3.00 m。波浪形屋顶和玻璃幕墙之间的间隙，嵌以铝质百叶窗或高侧窗玻璃。

① — ⑤ 资料来源：黄华生. 建筑外墙——香港案例 [M]. 北京：中国计划出版社，1997.

1 香港新九广铁路总站实景

3 香港新九广铁路总站外墙细部（室外侧）

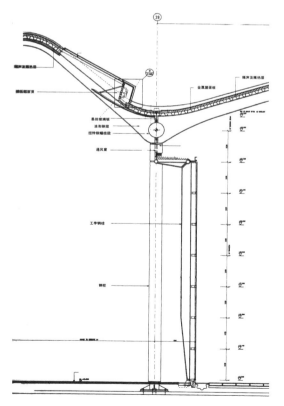

2 香港新九广铁路总站外墙细部（室内侧）

4 香港新九广铁路总站外墙剖面大样图

5 香港新九广铁路总站外墙和屋顶结构等轴测图

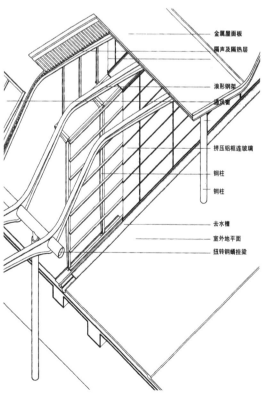

2.4.5 门窗细部设计

门窗是建筑的眼睛，它是建筑外部最活泼、技术发展最快的元素，使建筑具有了更丰富的表情。门窗是建筑空间中的一个重要元素，它受到建筑空间、结构、构造、材料等诸多因素的制约，其开口的数量、形状和分布往往决定了立面的特征。在门窗细部的玻璃、型材、分割、比例、遮阳、窗套、窗台、开启方式等方面必须仔细揣摩。其中出入口设计尤为重要。参见 ① — ⑥。

⊙ 节能门窗设计途径

（1）根据窗户所处位置的朝向，合理选择窗户大小和窗墙比，且面积不宜过大。

（2）从室内采光的舒适性、抗风性能等强度指标以及与整体建筑外立面的协调统一、保温、隔热及隔声性能等方面选择玻璃，且应对各地不同建筑的需求，选择相应传热系数和遮阳系数的玻璃。从外窗框材料的对比值中选择性价比高的材料。

（3）有效地提高建筑外窗气密性能，减少采暖和空调能耗。

⊙ 门窗的开启方式

门窗的开启方式关系到建筑物的使用功能以及安全、通风等问题的组织和室内环境质量。交通建筑通常选用的门窗开启方式有平开式、推拉式、悬式（中悬、上悬、下悬）等。从建筑节能角度，建筑外窗宜采用平开窗和内平开下悬窗。

⊙ 材料的运用

从建筑节能角度，如上海属于冬冷夏热地区，玻璃亦采用中空玻璃或低辐射镀膜玻璃，解决辐射热损失问题。框材宜选择传热系数小的材料以减少热传导损失，如 PVC 型材、通过结构设计使窗框窗扇热传导减少的隔热铝合金型材、木材玻璃钢型材等。

① 、③ 资料来源：现代设计集团华东建筑设计研究院有限公司工程项目．
② 、④ 、⑤ 、⑥ 资料来源：作者拍摄．

1️⃣ 上海长途客运南站立面局部——出入口、门窗位置及开启方式的表达

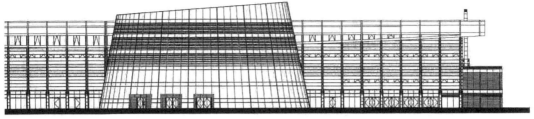

大厅主出入口   行包厅出入口

2️⃣ 上海长途客运南站大厅入口的细部设计

4️⃣ 上海长途汽车客运总站出入口的细部设计

3️⃣ 上海长途汽车客运总站立面

5️⃣ 上海站北广场售票厅出入口、玻璃廊设计

6️⃣ 上海站北广场候车厅入口的细部设计

2.4.6 室内细部设计

◉ 室内设计

与外观设计和环境设计一样，交通建筑的室内设计也要充分体现出简洁、明快、稳重、大方的特点，散发出强烈的现代化气息和鲜明的时代特征。

对于交通建筑，室内设计首先要适应快节奏、高效率的功能要求，区别功能空间与非功能空间，做到主次分明；其次，与建筑设计形成整体，把握住主格调和主色调也是设计的关键。如北京首都国际机场 T3 航站楼的室内设计，充分体现出中国地域特色（参见 ①、②）。

另外，在交通建筑室内设计中，灵活地组织内院、中庭，可以使大进深的建筑中部形成通风、采光，同时给旅客提供了很好的室内绿化休闲环境。候车厅座椅布置、检票口、售票窗口布局等，都是室内设计中应该把握的细节（参见 ③ — ⑤）。

①—② 资料来源：https://www.zhulong.com/bbs/d/10019167.html?tid=10019167.
③—⑤ 资料来源：章竟屋. 汽车客运站建筑设计 [M]. 北京：中国建筑工业出版社，2000.

1 北京首都国际机场 T3 航站楼交通中心拱形屋顶室内

2 北京首都国际机场 T3 航站楼室内吊顶色彩、导向性

3 候车室内座椅与通道的布置和尺寸（单位：mm）

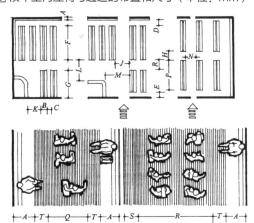

4 候车厅检票口尺寸（单位：mm）

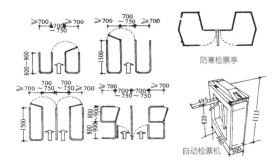

5 售票厅售票口尺寸（单位：mm）

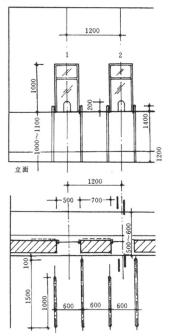

A	单面座椅深度		580～750	
B	双面座椅深度		1160～1500	
C	座椅间小通道		1200～1300(小站用 1200)	
D	座椅端部离纵向座椅边距		1200	
E	座椅端部离墙距		1000～1500(根据人流通行情况)	
F	座椅最大连续长度		1000	小通道为
G	端部靠墙座椅最大连续长度		5000	1200～1800
H	次要通道宽度		1800～2700	
J	主要通道宽度	小候车室	1800～2700	
		大候车室	2700～3200	
K	售货、服务处离座椅边距		4000	
L	售货、服务处前的次要通道		5000	
M	售货、服务处前的主要通道	小候车室	5000	
		大候车室	6000	
N	纵向排列的座椅间通道		1800～2400	
P	座椅最大连续长度		>F	
Q	单列检票队伍宽度		1000	
R	双列检票队伍宽度		2000	
S	检票队伍离墙边距		500～600	
T	检票队伍离椅边距		500～600	

第 3 章

交通建筑课程设计与作品评析

3.1 课程设计教学实践

3.1.1 教学目标

交通建筑课程设计的教学目标可以分为三个层次：课程目标、阶段目标和课时目标。

⊙ **课程目标**

（1）认知交通建筑在建筑类型意义上的独特性。

（2）掌握交通建筑设计的基本原理以及我国交通建筑设计相关规范和地方标准。

（3）掌握交通建筑设计的工作方法，具备独立或合作完成设计的能力。

（4）提高准确、深入表达设计成果的能力，通过多种方式充分展示设计方案。

⊙ **阶段目标**

整个课程设计可以分为四个阶段：调研分析、方案构思、设计表达、成果提交。其中设计表达阶段还可以细分为总体设计、深入设计和细部设计三个层面。

调研分析阶段

（1）熟悉交通建筑设计理论、原理及标准、规范。

（2）了解我国交通建筑设计及建成投入运营后的现实状况。

（3）深入理解本次设计基地的设计条件。

（4）充分体现调研成果。

方案构思阶段

（1）掌握交通建筑设计方案构思基本方法。

（2）同时鼓励多角度、多方位的思考方式，尝试创新。

（3）掌握图示表达设计理念、方案构思的专业手段。

设计表达阶段

（1）具备对设计构思的技术转化能力，保证设计构思在总体设计中的贯彻和完善。

（2）培养在复杂信息条件下，综合考虑多方因素，进行总体设计的能力，为方案准确定位。

（3）具备在总体设计的控制下，深入设计建筑各部分的能力。

（4）提高建筑细部设计的能力。

成果提交阶段

（1）掌握建筑设计方案成果表达的基本方法。

（2）能够正确、准确、充分表达建筑设计方案的全部信息。

（3）鼓励采用符合方案本身表达需要的个性化表达方式。

⊙ **课时目标**

课时目标或称单元目标。交通建筑设计总课时为 16 周，每周 5 学时，总计 80 学时。以每周 5 学时为单位设置课时教学目标，把总课时分为 16 个单元，确立单元教学目标。

单元教学目标

单元	课时目标（单元目标）
单元 1	了解本次课程设计目标及要求； 掌握交通建筑设计原理、相关标准及规范； 明确调研工作内容及工作方法并全面表达调研成果
单元 2	理解并掌握交通建筑概念设计基本方法； 形成建立在本次基地条件上的建筑设计构思
单元 3	掌握交通建筑总体设计基本方法； 确立本次课程设计方案在设计构思的框架下的总体设计思路
单元 4	熟悉交通建筑总体设计中场地设计方法
单元 5	重点掌握交通建筑总体设计中总平面设计方法； 考虑建筑形态在总平面设计中的空间关系
单元 6	重点掌握在总体设计的框架下交通建筑深入设计的基本方法； 能够进行合理的功能分区、流线组织
单元 7	掌握交通建筑体型及剖面的深入设计
单元 8	了解交通建筑大空间结构选型及建筑设备的深入设计
单元 9	机动单元，用以调整整组学生设计进度； 阶段性总结评图
单元 10	掌握交通建筑无障碍设计以及消防等技术要求的深入设计
单元 11	掌握交通建筑细部设计要点
单元 12	尝试深化细部设计，探索构造、生态等角度的细部处理
单元 13	培养交通建筑场地内标志物以及建筑小品等细部设计能力
单元 14	掌握交通建筑课程设计成果表达方法，确定适合本方案的成果表达方式； 在基本要求的基础上，提倡多样性、适宜性、个性化的表达
单元 15	具备独立完成全套课程设计成果的能力
单元 16	正确、准确、深入、适时完成并提交课程设计最终成果

3.1.2 教学形式与方法

交通建筑课程设计教学是在教学目标的指导下进行的，在指定课时内完成各阶段、各单元教学内容并提交阶段性成果及评定打分。教学形式根据各阶段教学目标和内容的不同，有课堂讲授、实例参观、实地考察、调研访谈、"一对一"改图、小组讨论、集体评图等。

⊙ **课堂讲授**

课堂讲授是重要的教学形式之一，可分全班集体讲授、设计小组讲授和针对性个别讲授三种。集体讲授适用于初期教学交通建筑基本原理、相关标准规范等内容；在设计过程中发现较普遍的问题也可以集中起来讲授，去伪存真。教学中可按规模将班级分为若干设计小组，由一名指导教师指导。建议指导教师在设计的各阶段甚至各个单元都以小组讲授的方式给予提纲挈领的指导，总结前阶段的问题，明确接下来的设计方向。针对性个别讲授则发生在一对一的教学过程中，这是由建筑设计教学的特殊性决定的。建筑设计强调个性化，必然要因材施教。指导教师可根据每个学生的不同需要讲授，纠正不正确的方式方法，引导学生提出合理的解决方案。

⊙ **实例参观**

参观已建成的同等规模交通建筑实例，了解建筑设计、建设、投入使用的全过程，分析并回答实例建筑在使用过程中是否达到设计师的目标，是否有所偏离及其原因，如何在本次设计中给予关注或避免类似问题的再度出现。

⊙ **实地调研**

建议教学中选择真实存在的场地实地调研，因为每一块基地都有其独一无二的特殊性，这种特殊性是设计的难点，同时也可以成为设计的契机。实地调研就是发现难点发现契机的过程。学生在调研之前应尽可能多地收集相关资料，到达基地敏锐地观察、主动思考、认真记录。在设计的过程中也很有可能遇到最初并未发现的问题，需再次求证。所以，实地调研会一直贯穿于整个设计过程中。

⊙ **调研访谈**

鼓励学生访问有经验的从业建筑师，从前辈那里了解交通建筑设计现状及前沿问题。

⊙ **"一对一"改图**

"师父带徒弟"是建筑设计教育传统的教学方法，"一对一"地改图是传授技艺的必要步骤和手段。需要注意的是，在改图之前要充分了解学生设计意图，尽可能在学生意图的基础上进行完善，而避免将指导教师的理念过多注入学生作品中。同时，鼓励学生充分思考，自行寻找解决方案。

⊙ **小组讨论**

建议在每一个教学阶段开始或结束安排适时的小组讨论，学生之间思想的碰撞、交流会激发灵感，同时也可以集思广益，优化解决方案。也可以在遇到集中问题时召集小组讨论，这需要指导教师有意识地掌握并及时组织。

⊙ **集体评图**

评图可以在全班也可以在小组内进行，目的是鼓励学生相互学习，取长补短。

3.1.3 教学内容

教学内容按四阶段（调研分析、方案构思、设计表达、成果提交）细化为 16 单元。按照建筑设计的思维规律循序渐进呈现设计结果。

◉ 调研分析阶段

（1）讲授交通建筑设计理论、原理及标准、规范。

（2）有条件的情况下，邀请有交通建筑设计经验的从业建筑师讲座访谈。

（3）讲解、布置、指导实例调研。

（4）讲解、布置、指导设计基地调研。

（5）讨论交流实例和设计基地调研成果。

◉ 方案构思阶段

（1）以小组为单位完成基地模型，建立场地环境空间概念。

（2）确立方案构思，鼓励多方案比较，完成构思分析图及方案体量草模。

（3）小组讨论，交流。

◉ 设计表达阶段

总体设计：

（1）设计基地的场地设计，与周围地块之间的交通联系及空间关系。

（2）总平面设计，合理安排功能区块，明确梳理各种交通流线，准确把握建筑体量。

深入设计：

（1）建筑平面设计，严格落实任务书要求，通过多轮草图将建筑平面细化、深化。

（2）建筑剖面设计，正确表达、准确把握交通建筑内部空间关系，大小有秩，起承有序。避免空间尺度失调或大而无当等问题。

（3）建筑形体设计，建筑形体是内部空间的反映，同时具有中小型交通建筑的特征，避免夸大的形体。

细部设计：

（1）建筑构造设计，从其他角度，例如从生态角度的细部设计。

（2）建筑结构选型，建筑设备。

（3）场地标志物设计，建筑小品。

◉ 提交成果阶段

（1）独立完成课程设计方案全套图纸，包括分析图、总平面图、各层平面图、剖面图、立面图、透视图以及建筑说明，经济技术指标。

（2）可选择成果模型或视频动画等，作为表现建筑构思及空间的辅助手段。

3.1.4 成绩评定

◉ **教学评定概述**

成绩评定采取平时成绩和期末成绩相结合的考查方式。在整个课程设计中每一阶段都有评定打分，根据重要性和难度在总成绩中占相应比例。

◉ **平时成绩（30%）**

根据教学进度及教学内容的安排，在教学的以下阶段会评定阶段性成绩，并累计到总成绩当中：

（1）调研阶段评定（5%），提交调研报告，对调研成果进行评定。

（2）总体设计评定（5%），完成场地及总平面设计，对完成程度和质量予以评定。

（3）深入设计评定（10%），完成平面、剖面及形态的深入设计，对完成程度和质量予以评定。

（4）设计表达阶段评定（10%），完成总体、深入、细部设计，并提交全套正草图，对完成程度和质量进行评定。

◉ **最终成果评定（70%）**

课程设计最后一个单元，即第 16 周，提交全部成果。

教学进度、教学形式、教学内容与成绩评定综合简表

周次单元	教学时数	教学形式	教学内容	提交成果及评定
1	5	讲授	讲解交通建筑设计原理及调研方法； 布置调研任务、设计分组等	
2	5	小组讨论 讲授	交流调研报告； 制作设计基地模型； 方案构思	提交调研报告（5%）
3	5	讲授	方案构思深化； 确定设计方向	
4	5	改图	场地设计	
5	5	评图 改图	总平面设计； 建筑形态概念设计	提交"总体设计"图纸（5%）
6	5	改图	平面深入设计； 平面功能分区、流线组织	
7	5	改图	剖面深入设计； 外部造型与内部空间协同设计	
8	5	改图	大空间结构选型及建筑设备深入设计	
9	5		机动单元	
10	5	评图 改图	无障碍及消防等技术性深入设计	提交"深入设计"图纸（10%）
11	5	改图	细部设计	
12	5	改图	深化细部设计； 构造细部； 从其他角度，例如生态角度建筑细部设计	
13	5	评图 改图	深化细部设计； 场地内标志物设计； 建筑小品设计	
14	5	改图	确定正图表达方案； 绘制正草图纸	
15	5	评图 改图	完善正草图纸	提交"正草"全部图纸（10%）
16	5	交图	提交设计成果	提交"设计成果"（70%）

3.2 课程设计作品评析

3.2.1 设计任务一：汽车客运站设计

⊙ 设计内容

上海市拟新建一座长途汽车客运站，基地选址共有两处，分别位于恒丰路汽车客运站原址对面、虹江路北区客运站原址对面，建设用地约 1.2 hm² 左右，要求结合市中心环境设计城市广场。

长途汽车客运站按四级站规模等级考虑，日发送旅客数为 2000 人，5~6 个待发车位（其中至少有一辆可停靠大巴士）。总建筑面积控制在 1 500 m² 以内。其中设置 300 m² 的餐饮面积，以满足旅客的餐饮需求，餐饮形式可以自行确定。室外停车场至少考虑可容纳 40 辆过夜车停放（其中至少 5~6 辆为大巴士），站前广场要求考虑能停靠 10 辆出租车的出租站点。要求该设计内部功能分区明确、流线短捷清晰、使用舒适方便，规划应留有发展余地。同时，设计应考虑有障者的使用要求。

主要功能面积分配表

序号	功能区	主要功能	建筑面积（m²）	备注
1	候车区	候车厅	600	
		小卖与饮水	15	
		旅客厕所与盥洗	90	到站与出站男女旅客分开设置
		小计	705	含交通及辅助空间
2	售票区	售票厅	150	
		票房	30	含服务员室，每层设置
		票务办公	20	
		小件行李寄存	20	不是行包房，应靠近售票厅或主要出入口
		问询与电话	20	
		小计	240	
3	办公区	广播调度室	15+20	靠近站台，要求能看到进出站
		客运值班室	20	要求靠近售票厅 或候车厅，与旅客联系方便
		行车人员休息室	40	靠近调度室并直接通向站场
		民警与消防室	20	要求与售票厅、候车厅、站台联系方便，并可直接通向站场
		贮藏室	20	
		职工厕所	20	
		小计	155	含交通及辅助空间
4	餐饮区	餐厅及厨房	300	考虑餐厅与厨房的面积比例关系，注意厨房的货运问题
	总计		1400	±5%

汽车客运站设计：基地一

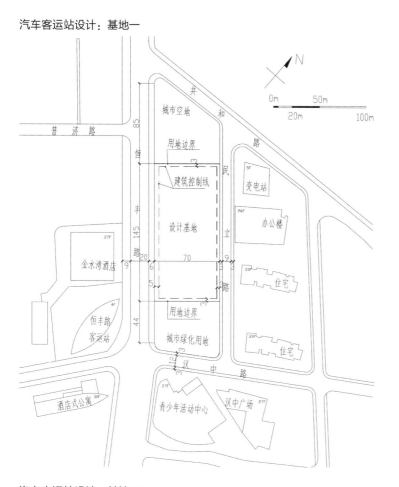

汽车客运站设计：基地二

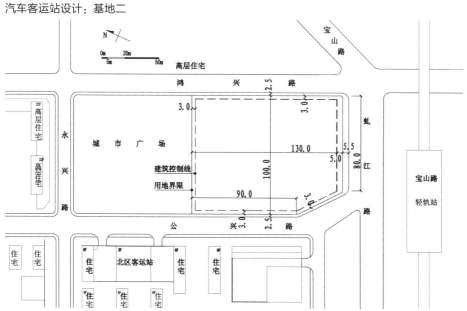

调研报告：上海虬江路北区长途汽车客运站[1]

◎ **调研目的**

通过对现有已建成的长途汽车客运站的调查，分析其功能布局以及交通流线，使自己能更好地处理课题中所遇到的各种问题，使设计达到一定的深度。

◎ **调研对象**

上海虬江路北区长途汽车客运站。

◎ **调研内容**

1）周边环境布局分析

北区长途汽车客运站旁边有地铁3号线、4号线，但其所处的位置靠内，周边道路也不是主干道。地块的南面、西面及北面都是住宅。建筑规模偏小，停车位很少，有效发车位只有3个，无过夜停车位。

2）总图人流、车流流线组织分析

北区长途汽车客运站有3个出入口、2个车流出入口、1个人流出入口。人流、车流管理方面，下客出站时存在人车混流问题（到站后部分乘客从车行入口出站）。由于用地面积偏小，建筑主体把2个车流出入口给断开了，设计师巧妙地把一层架空，候车厅放在二层。这样通过架空层下面的空间，车辆得以从进口到出口，人流实现了立体分流（二层候车，底层出发）。

3）平面功能布局分析

北区长途汽车客运站平面功能布局比较紧凑。一层主要是售票区、行李小件寄存区、办公区、安检区、小卖部、检票区及发车区。二层主要是候车大厅和办公区。

4）立面造型、材料应用与建筑细部分析

北区长途汽车客运站立面造型还是比较有特点的，几何形组合，整个建筑显得比较夸张，配上大面积的白色面砖，醒目而活泼。

5）访问及分析

工作人员：客流量相比往年有所下降。分析：该情况是由于基地条件的限制，规模太小。另周边交通的快速发展（如轨道交通的便捷），使客流量逐年下降。乘客：车次少。分析：主要是受规模的限制。

◎ **调研得出的问题与自身设计的联系**

首先，出站人流设计不合理，没给出租车设停车位，导致原本就是单行道的道路路况更加复杂；其次，北区长途汽车客运站造型有中国20世纪80年代建筑的特点，与周围环境协调不充分；再者，景观设计欠缺，没有站前广场。进站和出站人流直接疏散到人行道上，造成人车混杂局面。

◎ **总结**

通过对虬江路北区长途汽车客运站的调研，发现了它的优缺点，从而了解自身在设计中该注意的地方。我觉得这次调研收获不少，让我感性地认识了汽车客运站。

---

[1] 学生唐静燕作品，指导老师赵晓芳，2009.

1 北区长途汽车客运站区位

2 北区长途汽车客运站总平面图

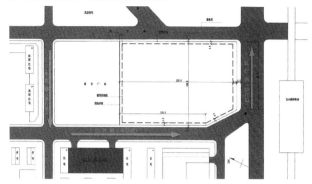

3 北区长途汽车客运站一层平面图

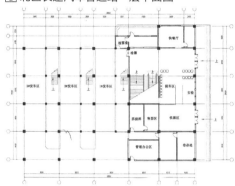

4 北区长途汽车客运站二层平面图

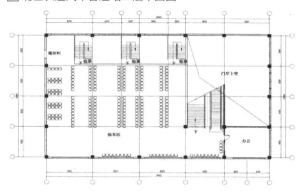

5 北区长途汽车客运站到站车一侧实景

6 北区长途汽车客运站出站车一侧实景

7 北区长途汽车客运站底层架空发车位、入口大厅、二层候车大厅、底层候车区（从左到右）

⊙ 场地分析与外部流线组织

该方案将场地沿长轴方向划分为两个区域，即北部的站场区和南部的站房区。南部站房与城市绿地相连，较好地结合了周围环境。

人车分流。车行出口分别为民立路的进站口和恒丰路的出站口。过夜车停车位布置在基地北侧，汽车站主楼发车位、下客位布置在基地南侧。避免车辆流线交叉干扰。

旅客流线由站前广场引入导出，与车辆流线完全分开。

⊙ 建筑形态与场地关系

基地为南北向长条形，长宽比约为 2:1。该方案建筑平面形态采用 L 形，一方面顺应地形；另一方面划分场地。

三联候车厅在平面及空间上形成一定的韵律感。主入口采用玻璃塔形设计，作为汽车客运站的标志，同时突出该类型建筑的特点。

⊙ 功能分区与内部流线组织

功能分区考虑避免人流交叉，同时尽可能疏散人员聚集区域的人流。候车厅的设计采取"化整为零"的方式，将一个大的候车厅拆分为三个小的候车厅，从而降低单一空间人流量。

售票厅靠近主入口设置，缩短旅客交通距离。控制售票厅进深，避免排队人流与周边流动人流交叉碰撞。

办公室布置在汽车站的另一侧，避免内外部人流的交叉干扰。

总平面图

场地流线分析

车流活动区
停车位
绿化
发车位
人流活动区
下客区
水景区
▲ 人流出入口
◀ 车流出入口

形体分析

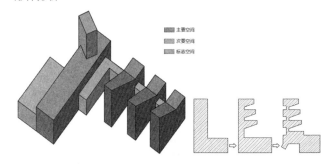

主要空间
次要空间
标志空间

内部流线分析

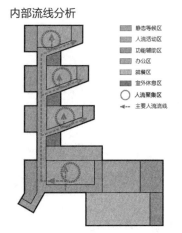

静态等候区
人流活动区
功能辅助区
办公区
就餐区
室外休息区
○ 人流聚集区
◀– 主要人流流线

[1] 学生陶曦作品，指导老师刘宏伟，2009.

平面图、立面图及透视图

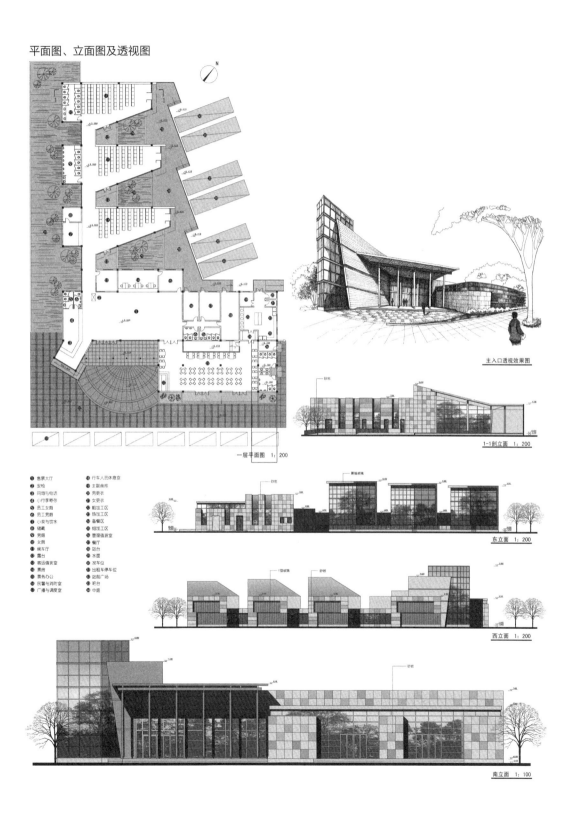

主入口透视效果图

一层平面图 1:200

1-1剖立面 1:200

东立面 1:200

西立面 1:200

南立面 1:100

作品二 [1]

⊙ **场地及流线分析**

场地布局有效结合北面公共绿地。将汽车客运站主入口设置在公兴路公共绿地一侧,使站前广场与公共绿地融为一体。

人车分流是交通建筑的基本要求也是设计重点难点。本方案将进出站口均设置在鸿兴路一侧,而将人行出入口(即站前广场)设置在公兴路,使人车自然分开,同时考虑与虹江路轨道交通的联系。采用人行天桥将轨道交通人流导入客运站场地内。

⊙ **建筑平面形态分析**

该方案平面形态与基地相协调。充分利用场地的同时有效划分场地功能,将站前广场和站后车场以建筑区分。做到内外分明。

⊙ **功能分区与内部流线组织**

售票厅、候车厅、办公区是交通建筑的三大功能区块。设计者将售票厅居中,办公、候车分设在两翼,使其合理分区、内外分开的同时保持必要的联系。值得一提的是,餐厅的设置,既考虑到内部人员就餐,也考虑到对外经营,方便旅客。

形态分析

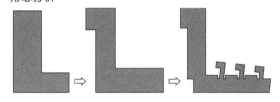

流线分析

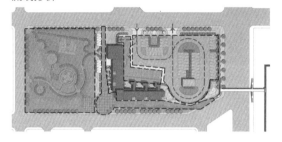

■ 绿化区　■ 车行活动区　■ 人行活动区　←–车行流线

总平面图

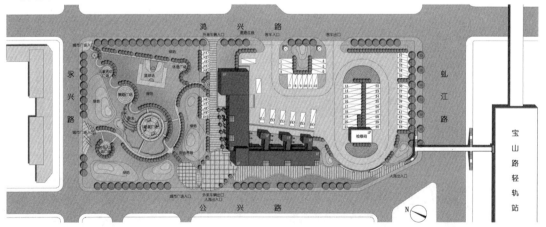

---

[1] 学生唐静燕作品,指导老师赵晓芳,2009.

鸟瞰图与局部透视图

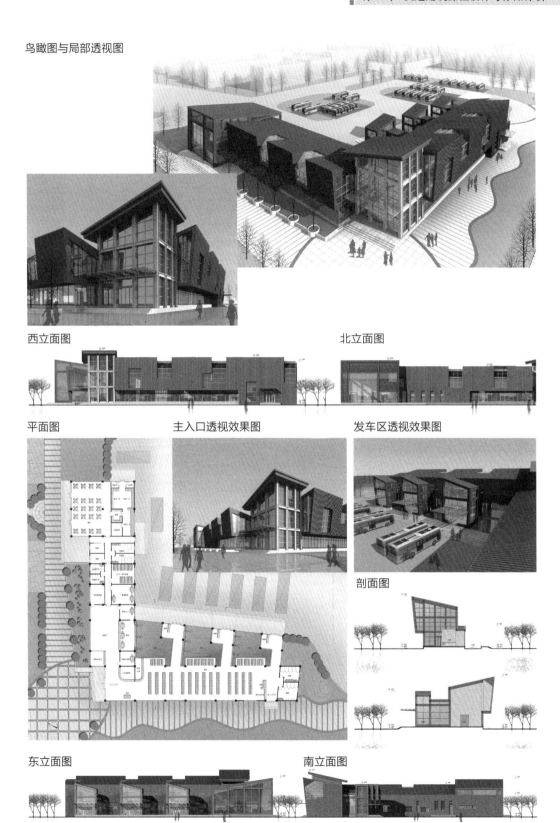

西立面图

北立面图

平面图　　　　　　　　主入口透视效果图　　　　　发车区透视效果图

剖面图

东立面图

南立面图

⊙ **场地分析**

"基地二"场地的特殊性在于基地南界与轨道交通相接。该设计方案从导入人流走向入手,将基地沿 45° 斜线分割,形成三角形和矩形的组合。充分考虑轨道交通等各方人流。

需要指出的是该方案对于北侧公共绿地的利用有所欠缺,站场与之相接,并以围栏隔开,这样很难将公共绿地的景观以及开放空间为设计建筑所用。

⊙ **形体构思**

由于 45° 斜线的引入,建筑形体比较容易形成较强的动势。沿 45° 斜线错动分布两个体块,并和建筑内部功能相结合。

⊙ **功能分区**

功能分区以斜线为依托,体块错动重合部分设置主要入口大厅。以入口大厅为枢纽,向北设置候车厅及办公用房,向南设置售票厅等配套用房。合理有效地区分各功能区块,并能够和形体有机结合。餐厅位置的选择比较巧妙,内外兼顾,既满足内部职工就餐的需要,又可以提供对外服务,并与站前广场保持一定的联系。

⊙ **流线组织**

站场汽车出入口分开设置,进站口设置在鸿兴路上,出站口设置在公兴路,分开设置的好处在于避免进出站车辆交叉干扰。

公共停车以及出租车站场位于鸿兴路一侧,采用渠化形式引入场地。并靠近主入口大厅,缩短步行距离。

站前广场靠近轨道交通站,方便来自轨道交通的旅客进站候车。

总平面布局

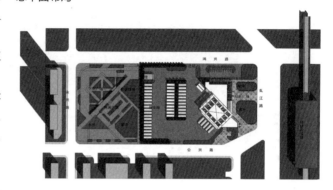

形体分析

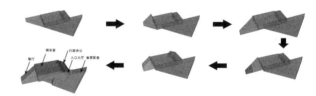

功能分析

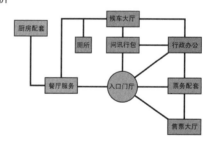

流线分析

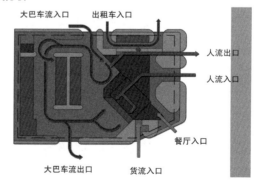

[1] 学生朱洁洁作品,指导老师宗轩,2009.

平面图

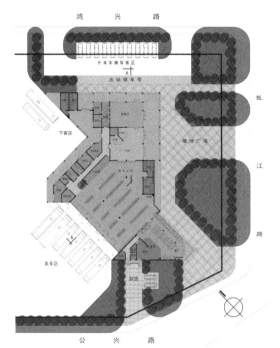

鸟瞰图

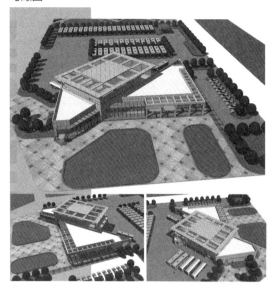

剖面图

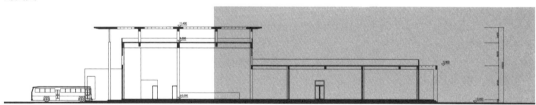

东立面图

东北（主入口）立面图

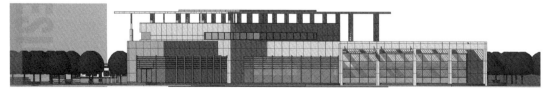

3.2.2 设计任务二：高速公路服务区设计

⊙ **教学要求**

（1）熟悉对公路类服务性建筑的基地现状分析及总体规划。

——掌握基地环境分析的基本原则（形状、朝向、景观、地形、边界、条件、现存建筑、道路、绿化等）。

——理解总体平面布局的基本要素（环境现状、体量与空间、软硬地面划分、树木等）。

（2）掌握处理大量车流、人流复杂关系的能力。

——学习交通流线图的绘制及分析（车流方向、人流方向、停留节点、出入口等）。

——学习停车场的布置方法。

（3）根据具体功能进行合理的空间组合。

——注意此类建筑间歇性人群高峰的特点。

（4）创作适应高速公路视觉特点、心理特点及适应地方特色的建筑形式。

——注意建筑形式的地标性、地方性特点。

（5）学习多样的建筑表现手法及对设计的表现、排版等。

⊙ **设计内容**

安徽省 G36 宁洛高速公路大溪河（滁州凤阳县内）拟新建一处高速公路服务区，基地位于蚌埠市东侧。建设建筑面积 1500 m²（±5%）、高度为一层的高速公路服务区，可供服务 80 辆小型客车、10 辆中型客车、10 辆大型客车、4 辆拖挂车的客人及工作人员临时休息、快餐之用。要求该服务区设计功能分区明确、流线短捷清晰、使用舒适方便，规划应留有发展余地。同时，设计应考虑有障者使用要求。

主体建筑

（1）门厅、休息厅（含小商店）：300 m²。

（2）快餐厅（含厨房）：500 m²。

（3）男厕、女厕（含前室）：各 80 m²（其中各考虑一个无障碍厕所）。

（4）管理用房：80 m²。

停车场

（1）小型客车：3.0 m×6.0 m，通道宽 6.0 m。

（2）中型客车：3.5 m×10.0 m，通道宽 10.0 m。

（3）大型货车：3.5 m×13.0 m，通道宽 13.0 m。

（4）拖挂车：3.5 m×16.0 m，通道宽 12.0 m。

高速公路服务区设计：基地一

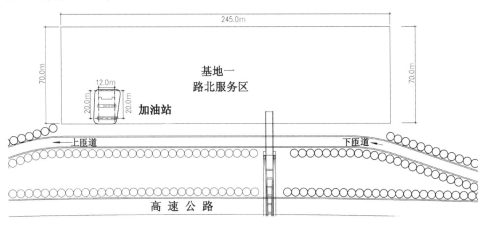

高速公路服务区设计：基地二

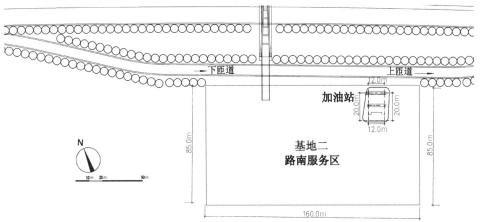

调研报告：沪渝高速 G50 湖州服务区 [1]

⊙ **调研概述**

随着经济的高速发展和人们生活生产的需要，高速公路得到了相应的发展，作为高速公路必要组成部分的高速公路服务区在设计和使用上也有较大发展。同济大学网络教育学院2012级学生对高速公路服务区进行调研，为此参观考察了沪渝高速 G50 湖州段服务区。

⊙ **调研时间及调研内容**

时间：2012 年 03 月 10 日（星期六）。

内容：①了解高速公路服务区的布设形式及特点；②了解高速公路服务区的设施功能及设置目的；③了解高速公路服务区的基本服务流线；④了解高速公路服务区的车行流线；⑤了解高速公路服务区服务设施的组成形式及特点。

⊙ **项目概况及区位**

湖州段服务区坐落于湖州市吴兴区，东邻江南六大古镇之一的南浔镇及织里童装城，西南接湖州市区，北靠我国第三大淡水湖太湖，位于申苏浙皖高速公路 K21+530（沪渝高速 G50132K+530），总占地面积 148.5 亩，建筑面积 5 516 m²，总投资额 6 500 万元，是一个规模较大、品位较高、设施完备、管理规范的服务区。

⊙ **总平面布局**

服务区为分离式布置，分为南、北两个区，南区面积 5.0 hm²；北区面积 4.9 hm²。南、北两区共设停车位 406 个，其中小车位 236 个，大客车位 40 个，大货车位 104 个，危险品车位 6 个，畜产车位 6 个，加长车位 14 个。本次调研服务区的北区，北区共设停车位 160 个，其中小车位 92 个，大客车位 18 个，大货车位 39 个，危险品车位 3 个，畜产车位 4 个，加长车位 4 个。

停车场主要分为三个区域：大巴停车场区域、小车停车区域、货车停车区域，在北面隐蔽处布置了畜产品停车位、危险品停车位和加长车停车位交通流线。加油站位于出口处，交通上客车及小客车与货车分开，大巴及小客车停车场位于服务楼的南侧；货车、畜产品车、危险品车停车场位于服务楼的北侧，从而避免了客车人流与货车的交叉。

⊙ **平面功能布局**

服务区内设有停车场、加油站、车辆修理部、快餐厅、商场、洗手间，各种服务设施完备，服务功能齐全。餐厅可同时容纳 240 人就餐，以快餐形式为主；超市主要经营包装食品、饮料酒水、日用品、香烟、书刊、杭嘉湖土特产以及嘉兴粽子等，特色产品丰富；特色小卖部主要经营关东煮、香肠、豆腐干、水果等小吃，更有金华酥饼、嘉兴粽子等地方名产。服务区 24 小时免费提供开水，汽车维修部亦 24 小时营业。

⊙ **立面风格**

建筑立面由现代风格厕所、餐厅及超市用连廊连接形成一个整体。

[1] 学生王永龙作品，指导老师赵晓芳，2012.

湖州服务区航拍

主要技术经济指标（北区）

序号	项目	指标	单位
1	规划用地面积	49000	平方米
2	服务主楼面积	2379.1	平方米
3	辅助设施面积	379.7	平方米
4	建筑占地面积	2267.5	平方米
5	建筑密度	4.63%	
6	容积率	0.056	
7	绿化率	31.20%	
8	停车位（小车）	92	辆
9	停车位（大巴）	18	辆
10	停车位（大货）	39	辆
11	停车位（危险品车）	3	辆
12	停车位（药产品车）	4	辆
13	停车位（加长车位）	4	辆

湖州服务区总平面图

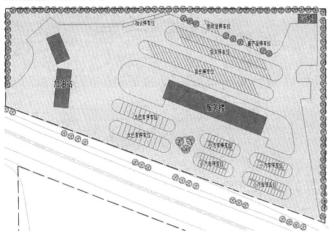

湖州服务区功能、停车区车流分析

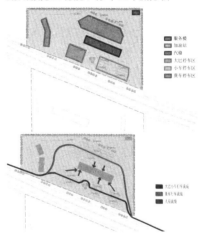

湖州服务区综合楼平面图

湖州服务区综合楼实景、外墙细部、厕所

作品一 [1]

⊙ **设计构思**

设计任务以沪杭高速为背景，设计者认为高速公路服务区不仅是普通的功能建筑，同时具有宣传地区文化等特殊属性。

方案构思从两地文化入手，形成"跨界、多元、融合"的立意，并尝试用建筑语言予以表达。所谓"刚柔并济""联系纽带""传统与现代共融"，从最终的设计成果来看，这些建筑语言皆有一定的表现。

⊙ **场地分区**

高速公路服务区除了一部分建筑功能之外，大量的是各种车辆的停车场分布。该方案将大、中、小客车、汽车按比例及技术规范分开布置。加油站与维修等用房单独设置，与服务区建筑一起形成既相互独立又合理联系的三个部分。

⊙ **流线组织**

流线是交通建筑的命脉，对于高速公路服务区也是一样，做到尺度准确、技术正确、分布合理、互不干扰是基本要求。该方案还考虑到场地绿化与停车位的配合，以及场地环线的设置。

⊙ **总平面布局**

总平面是场地分区、功能排布、流线组织的综合表达。该方案将建筑置于内侧，退让出前部站场布置大量停车位及辅助建筑，同时考虑上下客人流与主体建筑的关系、场地绿化与建筑及站场的关系、消防安全与人流车流的关系。

⊙ **形体构思**

建筑形态从立意、构思一路发展而来，两个形体接触、交流、交融，像两条"纽带"联系在一起。同时形体虚实结合、相互映衬，流线型的外部线条具有现代交通建筑快速、便捷的特征。

由于形体的复杂性、多元性，内部空间以及外部空间都具有灵活多变的属性，使人耳目一新。

需要提高的是内部空间的细部设计，如果可以将这种流动性自始至终贯彻完整将更完善。

设计构思图解

关键词：跨界 多元 融合

上海是充斥着多元文化的现代城市。其特质就是硬朗的外形包裹着柔美的外在。而杭州却恰恰相反。表现刚柔并济的力量美与多元的形式美。

功能分区分析

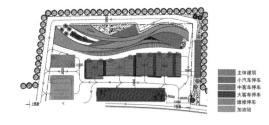

流线组织分析

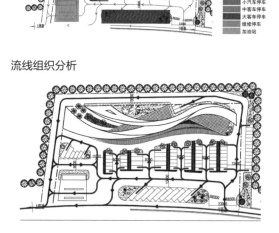

总平面图

[1] 学生黄宏斌作品，指导老师宗轩，2011.

形体构思图解
PROCESS

鸟瞰图及局部透视图

平面图

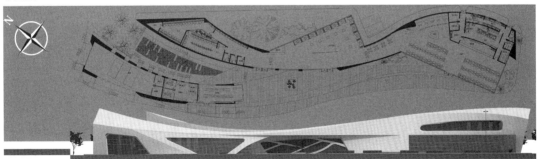

立面图

作品二 [1]

⦿ **立意、构思**

设计者通过对本次设计基地所在地"凤阳县"（安徽省滁州市）的历史文化特质的挖掘，提出"萃取中国古典建筑精髓，结合现代设计手法，营造具有浓厚中国文化意蕴的特色建筑"的设计立意。从历史文化角度尝试建筑创作。

⦿ **场地布置**

该方案将建筑置于场地中位。停车场沿三边布置，为通过式。其中小型车辆集中布置于建筑背侧及入口位置，大型车辆靠近出口。加油站和维修用房位于出口附近。

建筑前人行广场与人行天桥相联系，考虑到来自对面的人流，使人流与车流有序分开。

从构思立意出发，营造"阳光、空气、水"的自然空间，场地内注重绿地、绿化、景观的设计设置，与设计主题相匹配。

⦿ **建筑内部功能**

方案平面功能布局与停车场综合考虑，公共厕所与大中型客车停车位就近布置。

中部以南北穿越的休息大厅将建筑平面分为东西两翼。东部餐厅等商业用房和西部辅助用房有效分离，分区明确，互不干扰。

分析图

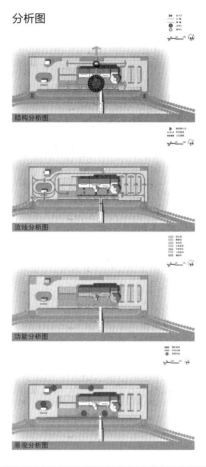

结构分析图

流线分析图

功能分析图

景观分析图

总平面图

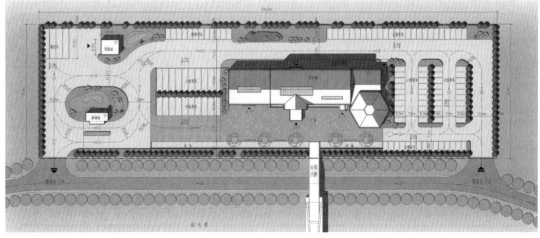

[1] 学生殷笑杨作品，指导老师段文婷，2012.

平面图

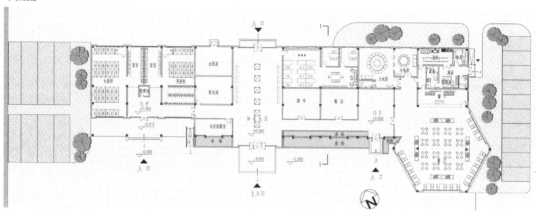

西立面图

剖面图

南立面图

透视图

作品三 [1]

⊙ **方案构思**

该方案立意于反映地方特色，从建筑造型、空间及环境配置方面吸取徽派建筑的特征。但流线组织、功能布局等依然遵循现代交通建筑的设计要求。由于建筑空间紧凑，外部场地具有更大的自由度，除了安置各种规格车辆的停车场和附属建筑之外，仍可以有余地设置景观，与建筑空间内外呼应。

⊙ **深入设计**

建筑平面相对紧凑，以休息厅为中心，两侧分设商业和餐饮用房。公共卫生间的设置相对独立并与其他功能保持联系。采用内庭院、单外廊、门廊等设计手法体现江南建筑的空间特征。

建筑造型设计借鉴当地传统建筑的造型符号，在建筑的地域性塑造方面有所尝试。但由建筑性质决定的建筑的尺度还是和传统建筑有所差别的，需要再作处理。

分析图

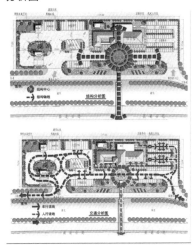

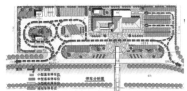

总平面图

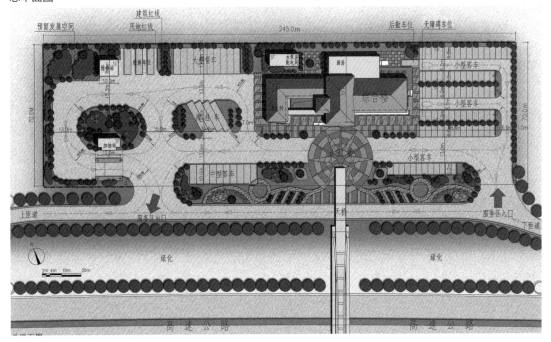

[1] 学生冯雄敏作品，指导老师段文婷，2012.

首层平面图

二层平面图

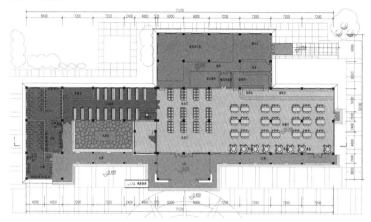
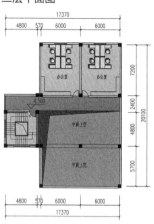

南立面图

透视图

作品四 [1]

◉ 场地分析

该方案将主体建筑靠近用地底线布置，空出三个方向的空间布置各类车辆停车场地，使停车场地最大化。

◉ 形态分析

建筑形态由设计题目而来，高速公路服务区的主角是大大小小的车辆，设计者以"汽车"为母题，应用于建筑造型的塑造。从形式、色彩、尺度几方面体现这一构思，完成度较好。

建筑内部空间宜深入贯彻同样的理念，做到内外一致，融为一体。

形体分析

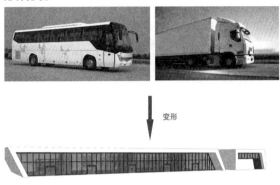

变形

交通流线分析

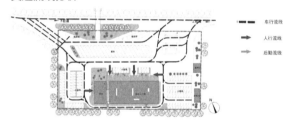

总平面图

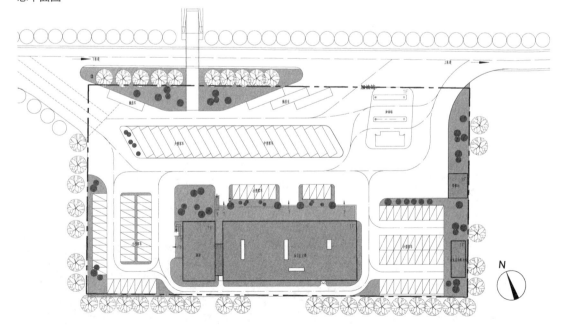

[1] 学生王峰作品，指导老师包海斌，2010.

首层平面图

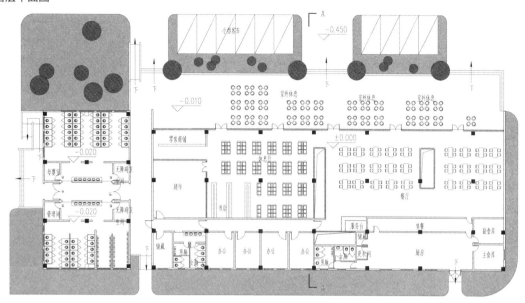

北立面图

南立面图

透视图

3.2.3 设计任务三：公共交通枢纽站设计

◉ **教学要求**

（1）学习有关交通建筑设计基本理论和原理，树立正确的设计思想。

（2）进一步熟悉建筑设计的思考方法和工作方法。

（3）掌握建筑设计中分析功能、组织流线，安排内外空间，考虑结构构成等内容。

（4）提高按比例、徒手画以及建筑图的表现能力。

◉ **设计内容**

上海市为发展市镇公共交通，拟建多个公共交通枢纽站。巨峰路公交枢纽站位于巨峰路北侧、张杨北路东侧，紧贴地铁6号线，设计至少可达到3~4条公交线的始发要求。同时，该枢纽站靠近地铁出口，方便地铁与公交换乘。

公共交通枢纽站日发送旅客数为6 000~8 000人，6~8个待发车位（要求可停靠大巴士，大巴士按车身长13 m要求设计），车道宽7 m，有效长45 m；调度用房要求平行车道布置；总建筑面积控制在1 000 m²以内。

室外停车场至少考虑能容纳30辆过夜车的停放（其中至少有10辆为大巴士），基地内设置出租车候客站，应能停靠10辆出租车，并设置至少20 m出租车候车带。设30辆社会车辆停放车位，社会车辆由专用通道与公交车分流，驶入停车场或出租车候客站，实现大小车分离。

根据地形设置1~2个机动车进出口，宽度14 m。要求该设计内部功能分区明确、流线短捷清晰、考虑公共交通换乘方便，使用舒适方便，规划应留有发展余地。同时，设计应考虑有障者使用要求。

设计中应重点考虑不同公共交通类型的更换，注意交通人流的疏散。另因靠近居民区，应注意非机动车辆的停放。

主要使用功能面积分配表

序号	功能区	主要功能	建筑面积（m²）	备注
1	候车区	候车厅	200	
		顾客厕所与盥洗	100	到站与出站男女旅客分开设置
		小计	300	不含交通及辅助空间
2	商业区	快餐食品	150	宜设置单独出入口，与候车厅分开，同时保证联系通畅、便捷
		咖啡、饮料	100	
		便利店	50	宜设置单独出入口
		小计	300	不含交通及辅助空间
3	售票区	售票区	40	
		票房	20	
		票务办公	20	
		咨询与电话	20	
		小计	100	不含交通及辅助空间
4	办公区	广播调度室	20+20	靠近站台，要求能看到进出站
		客运值班室	20	要求靠近售票厅或候车厅，与旅客联系方便
		行车人员休息室	40	靠近调度室并直接通向站场
		民警与消防室	20	要求与售票厅、候车厅、站台联系方便，并可直接通向站场
		贮藏室	20	
		职工厕所	20	
		小计	160	不含交通及辅助空间
	总计		860	

注：始发站台、到达站台、门卫、建筑小品以及联系廊等面积由个人自定，且不计入建筑面积

公共交通枢纽站设计：基地一、基地二

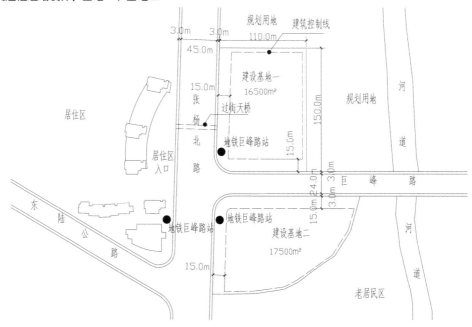

◉ 方案构思——"城市空间站"

设计者颇具想象力，借用未来星际"空间站"的概念将城市公交枢纽定位为给城市里的人们"停留、补给、休息"，提供"快速、便捷、安全、舒适"的服务空间。

◉ 场地、流线、功能分析

基地一紧邻地铁 6 号线，公交枢纽站兼有商业、换乘和停车的功能，场地布置的技术难点是确定进出站车辆出入口与城市路网的连接点，以及人行的接入点。

该设计方案，建筑面向交叉口，将场地划分为外部人流和内部人流车流。来自轨道交通的旅客人流直接进入候车厅，来自其他公共交通、乘出租车以及社会车辆的人流，汇合于站前广场。站场车辆采用通过式流线，出租车及社会车辆分设广场两侧并采用环线设计。

"线上候车"的方式，将售票、候车厅置于站台上层，底层空间为进站大厅及商业用房。内部管理用房与站台站场结合，位于建筑面向站场一侧，便于管理。

总平面图

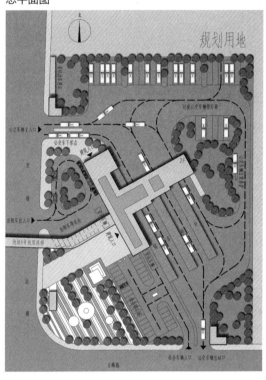

体型生成分析

分析图

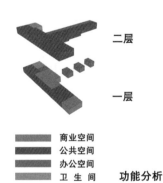

二层

一层

商业空间
公共空间
办公空间
卫生间   **功能分析**

[1] 学生王维作品，指导老师吕典雅，2012.

平面图、立面图及鸟瞰图

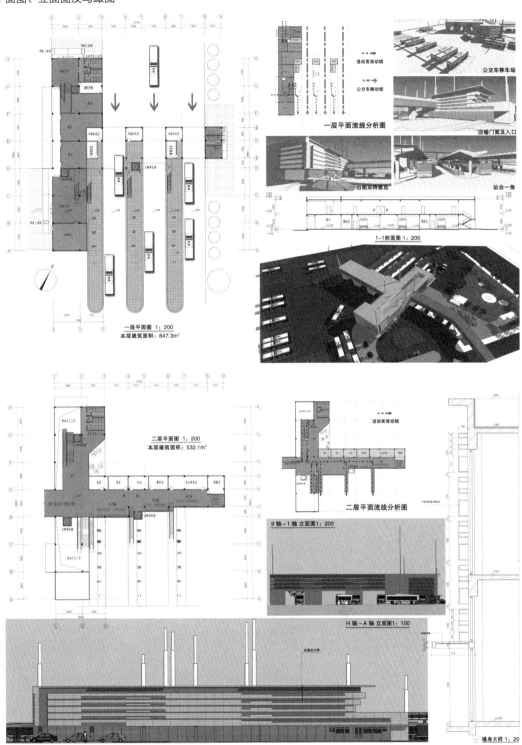

作品二 [1]

⊙ **场地分析**

场地分析是方案设计的第一步，对于公交枢纽站而言，除了分析地块本身的条件之外，更要关注周边地块的用地性质、道路等级及城市交通配置状况。该方案能够综合分析，合理安排枢纽站与城市轨道交通、与不同属性车辆流线以及与各人员流线的关系，从而决定建筑的位置与形态。

⊙ **总平面布局**

总平面的布置基于对场地的充分、科学、合理地分析。以站房为中心，斜向 45° 将地块划分为人行广场和公交站场两个区域。旅客下客、社会车辆下客、出租车下客以及来自轨道交通的旅客都与站前广场紧密结合，同时又相互独立，不会交叉干扰。站场车行路线采用通过式设计，公交车入口和出口分别设置在两条城市道路上。

⊙ **功能分区**

站房内部功能配合人、车各种流线的组织而设置。候车厅、售票厅结合主入口布置在流线最便捷的位置，快速通达是交通建筑设计的要点之一，在这里体现出来。售票厅两翼分设管理用房和辅助用房，兼顾站场调度和公交下客旅客如厕的需要。

交通流线分析

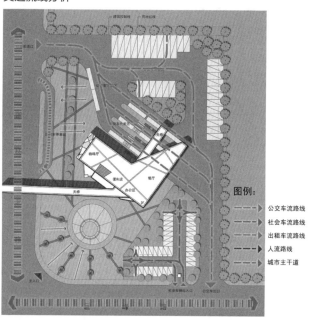

图例：
- 公交车流路线
- 社会车流路线
- 出租车流路线
- 人流路线
- 城市主干道

总平面图

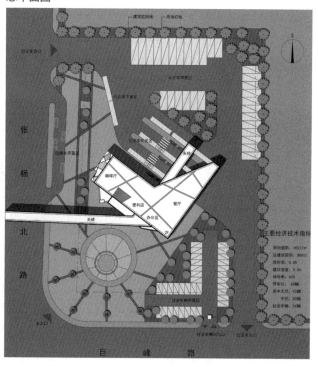

[1] 学生邓如意作品，指导老师庄俊倩，2012.

首层平面图

二层平面图

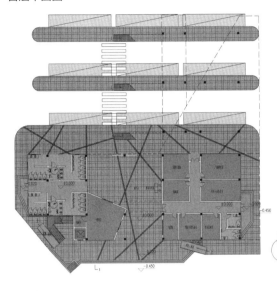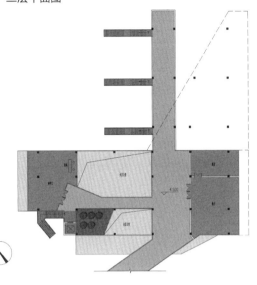

西北立面图

西南立面图

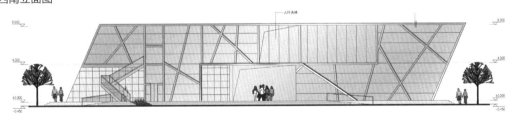

透视图

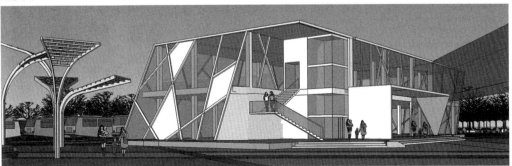

作品三 [1]

⊙ 方案构思——与城市交通整合设计

方案基于城市交通整合设计的视角,从流线组织入手,采用"线上候车"的方式,将进出站人流在垂直方向上分离,同时在标高上与来自轨道交通的旅客人流衔接。

基地对外部道路的车行开口仅有两处,尽可能避免对城市道路交通造成过大压力,社会以及公交车辆均由内部环线解决。

"线上候车"导向与轨道交通导入所形成的建筑空间层次明确,纵横两条闭合流线所连带的空间系列分别为"站前广场—线上候车厅—站台—底层通道—站前广场"和"轨道交通站点—商业空间—线上候车厅—站台—底层商业空间—轨道交通站点"。

⊙ 深入设计

将候车厅置于线上,使得底层空间更疏朗有致:售票大厅是底层主要对外用房,与站前广场联系最为紧密,同时在垂直方向直通候车大厅;商业用房结合轨道交通出入站配置;而内部职能性用房与站场靠近,便于调度管理。方案在无障碍设计部分还有改进的空间。

交通流线分析

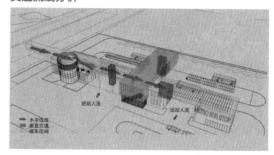

空间功能分析

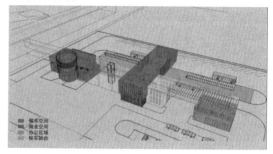

鸟瞰图

总平面图

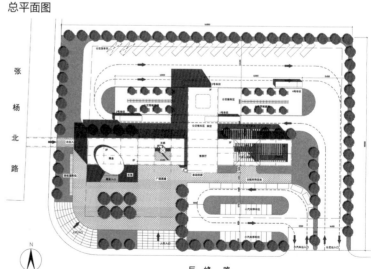

[1] 学生石建良作品,指导老师马怡红,2010.

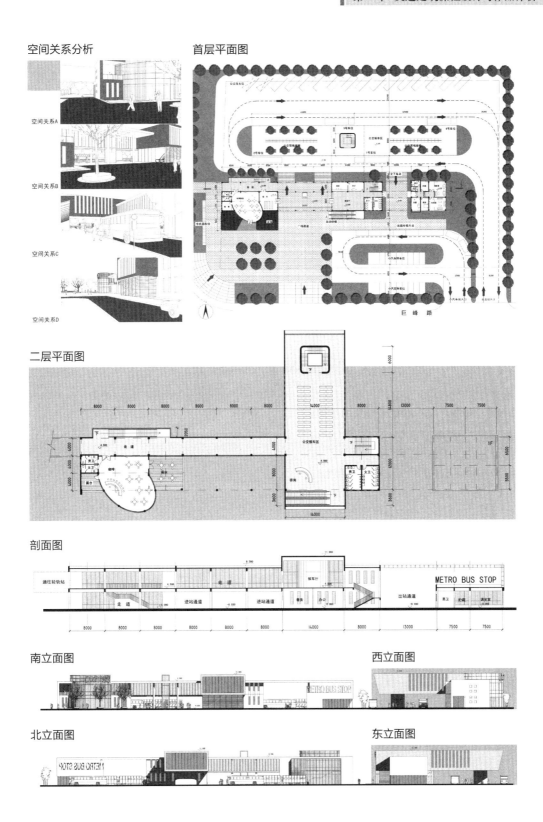

空间关系分析

空间关系A

空间关系B

空间关系C

空间关系D

首层平面图

巨峰路

二层平面图

剖面图

南立面图

西立面图

北立面图

东立面图

作品四[1]

◉ 场地分析

公共交通枢纽站的核心问题是流线，该方案从流线入手思考场地内的分区组织。尺度由大及小，层层递进，工作方法得当。

设计者将公交车出口设置于支路。社会车辆沿干路设置，与站前广场相联系，二者互不交叉。人流由道路转角退让出的广场空间导入基地。

◉ 建筑形态

基地二的地形为有一定难度的不规则的三角形。设计者采用弧线空间软化与基地的冲突，取得较好效果。

造型的灵感来自公共汽车，通过建筑手法的处理，吻合建筑空间的需要。

◉ 平面组织

公交枢纽站的平面功能并不复杂，关键在于与场地环境和流线的结合。

本方案以贯通入口广场和站台的通道将建筑平面划分为两个区块：一是商业用房，包括便利店、小餐厅等；二是售票、候车及内部管理用房。

商业空间与入口广场以及北部绿地相结合，保证商业有最大量的人流和良好的景观；售票候车与公交站场相结合，保证旅客最快速便捷地通过；而办公用房置于平面最南端，靠近公交车入口位置，方便管理。各部用房分布恰到好处。

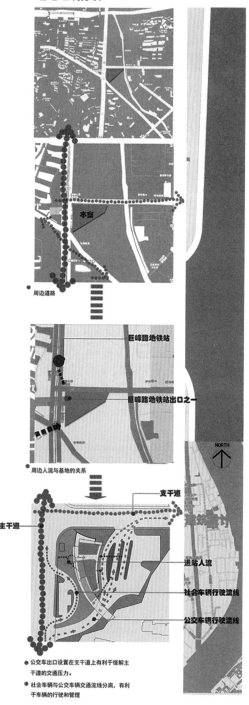

场地红线分析

周边道路

巨峰路地铁站

巨峰路地铁站出口之一

周边人流与基地的关系

NORTH

支干道

主干道

进站人流

社会车辆行驶流线

公交车辆行驶流线

● 公交车出口设置在支干道上有利于缓解主干道的交通压力。
● 社会车辆与公交车辆交通流线分离，有利于车辆的行驶和管理

[1] 学生陆力行作品，指导老师宗轩，2010.

总平面图

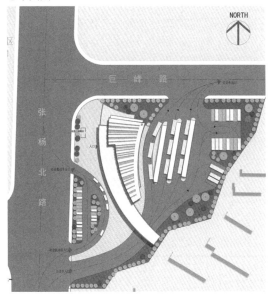

平面图

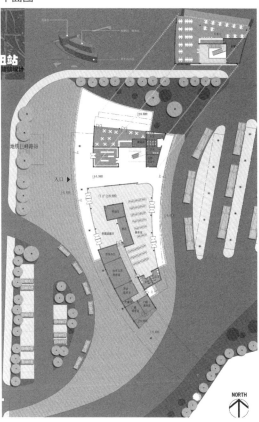

建筑形态解析图

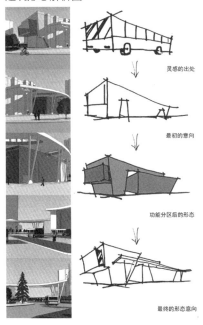

灵感的出处

最初的意向

功能分区后的形态

最终的形态意向

鸟瞰图

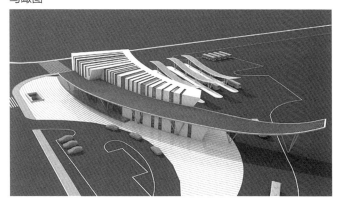

立面图

3.2.4 设计任务四：苏州汽车客运站设计

⦿ **设计内容**

苏州市拟新建一座长途汽车客运站，基地选址分别在北门和南门两处，建设用地约 1.5 hm² 左右，要求结合市中心环境设计城市广场。

本设计中长途汽车客运站规模按四级站规模等级考虑，日发送旅客数为 2 000 人，5~6 个待发车位（其中至少有 1 辆可停靠大巴士）。总建筑面积控制在 2 000 m² 以内。其中设置 300 m² 的餐饮面积，以满足旅客的餐饮需求，餐饮形式可以自行确定。室外停车场至少考虑能容纳 40 辆过夜车的停放（其中至少有 5~6 辆为大巴士），站前广场要求考虑能停靠 10 辆出租车的出租站点。要求该设计内部功能分区明确、流线短捷清晰、使用舒适方便，规划应留有发展余地。同时，设计应考虑有障者的使用要求。

主要使用功能面积分配表

序号	功能区	主要功能	建筑面积（m²）	备注
1	候车区	候车厅	800	
		小卖与饮水	20	
		旅客厕所与盥洗	100	到站与出站男女旅客分开设置
		小计	920	含交通及辅助空间
2	售票区	售票厅	200	
		票房	40	含服务员室，每层设置
		票务办公	20	
		小件行李寄存	20	不是行包房，应靠近售票厅或主要出入口
		问询与电话	20	
		小计	300	含交通及辅助空间
3	办公区	广播调度室	20 + 20	靠近站台，要求能看到进出站
		客运值班室	20	要求靠近售票厅或候车厅，与旅客联系方便
		行车人员休息室	40	靠近调度室并直接通向站场
		民警与消防室	20	要求与售票厅、候车厅、站台联系方便，并可直接通向站场
		贮藏室	20	
		职工厕所	20	
		小计	160	含交通及辅助空间
4	餐饮区	餐厅及厨房	500	考虑餐厅与厨房的面积比例关系，注意厨房的货运问题
总计			1880	±5%

汽车客运站基地一

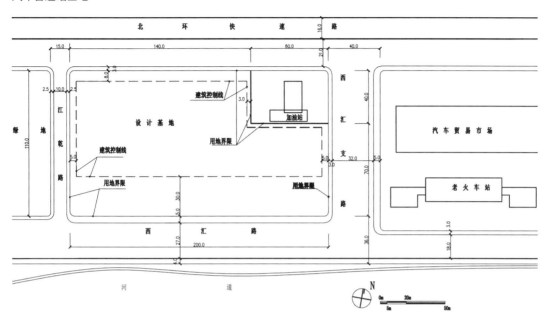

汽车客运站基地二

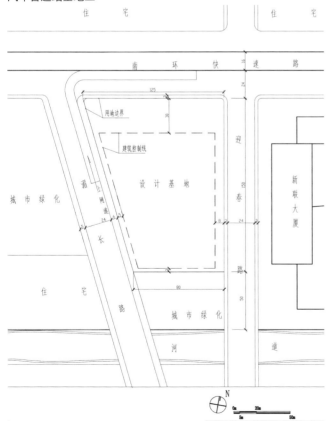

调研报告：苏州北广场汽车客运站[1]

⦿ **调研目的**

通过对现有已建成的长途客运站的调查，分析其功能分布以及交通流线，使自己能更好地处理课题中所遇到的各种问题，使设计达到一定的深度。

⦿ **调研对象**

苏州北广场汽车客运站。

地域风格分析

基地内部流线分析及对景

项目资料收集

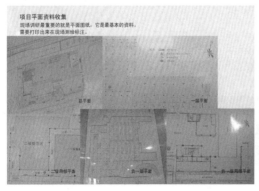

[1] 学生李丰庆，指导老师王越，2018.

平面图与剖面图

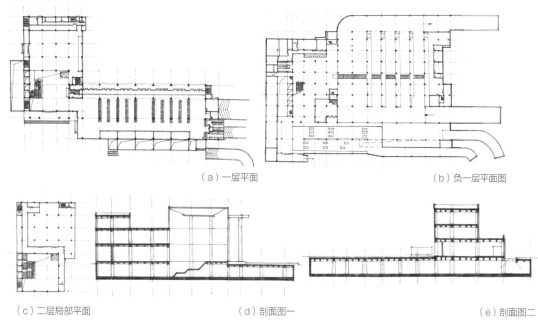

（a）一层平面　　　　　　　　　　　　　　　　　（b）负一层平面图

（c）二层局部平面　　　　　　　（d）剖面图一　　　　　　　（e）剖面图二

原有建筑实景

作品一 [1]

⊙ **场地分析**

基地位于江苏省苏州市北广场汽车客运站原址，紧邻西汇路南侧的外城河及苏州老城，西面邻近苏州新火车站。本站站前广场布置在西汇路与江乾路交口，站后停车场布置在北环快速路一侧。

⊙ **形体构思**

设计者结合苏州传统建筑白墙粉黛的建筑元素，以现代的手法进行表达，与西侧的苏州火车站遥相呼应。

客运站房候车厅上空三组三角形屋架，连续蜿蜒韵律感较强，形成了开放包容的入口旅客集散的灰空间，明亮开敞的室内大厅空间。

⊙ **功能分区**

候车区、售票区、办公区、餐饮区为客运站的四大功能区块。设计者将候车区居中，餐饮区和售票区、办公区分置两翼。其中餐饮区临江乾路布置，方便厨房货运。

⊙ **流线组织**

人车分流是交通建筑的基本要求，也是设计重点和难点。设计者将客运汽车进出站口设置在北环快速路一侧，而将人行出入口（即站前广场）设置在西汇路，面向外城河景观带，并向南眺望苏州老城。车流流线和进出站人流布局清晰合理。

鸟瞰图

主入口造型

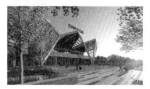

细部

总平面图

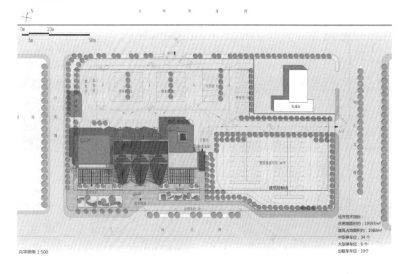

总平面图 1:500

经济技术指标：
总用地面积：19593m²
建筑占地面积：1980m²
中型停车位：34个
大型停车位：6个
出租车车位：10个

功能分析

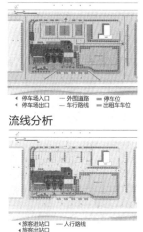

◂ 停车场入口　— 外围道路　■ 停车位
◂ 停车场出口　— 车行路线　■ 出租车车位

流线分析

◂ 旅客进站口　— 人行路线
◂ 旅客出站口

[1] 学生李维梨，指导老师赵晓芳，2018.

立面图

剖面图

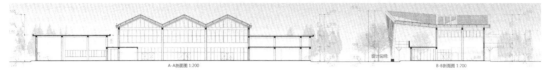

一层平面图

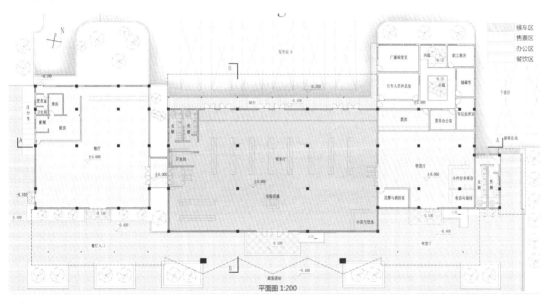

透视图

作品二 [1]

◉ **场地分析与流线组织**

基地位于江苏省苏州市南门汽车客运站原址，北侧为环绕苏州老城区的南环快速路，南侧紧邻老运河支流河道，西临湄长路，东临迎春路。本方案站前广场布置在南环快速路与迎春路交口，站后停车场布置在基地南侧。

设计者将客运汽车进站口设置在迎春路一侧，出口设在湄长路一侧，进出口分开，同时有利于客运汽车驶入湄长路上的南环快速路引道；人行出入的站前广场设置在南环快速路与迎春路交口，便捷北侧的苏州老城区人流到达；餐饮区布置在迎春路上，提高对外经营效益和货物运送。

◉ **功能分区和形体构思**

设计者将候车区、售票区、办公区、餐饮区四个功能区呈"回"字形布局，功能体块相互穿插折叠，围合出休憩内庭院。建筑色彩呼应苏州的白墙粉黛，以现代折线屋顶形式呼应苏州传统元素。

剖面图

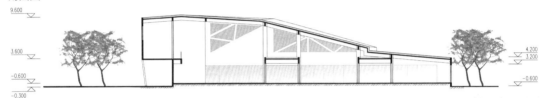

东立面图

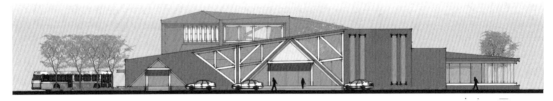

鸟瞰图

[1] 学生黄丽雯，指导老师白文峰，2014.

北立面图

总平面图

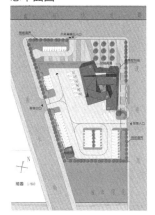

流线分析

功能分析

平面图

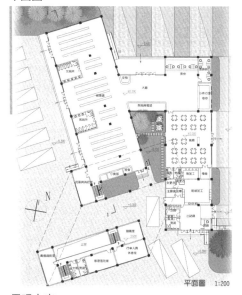

入口广场

有效发车位

景观中庭

站场透视图

3.2.5 设计任务五：南浦大桥汽车客运站设计

⊙ **设计内容**

上海拟在南浦大桥（地铁 4 号线南浦大桥站附近）新建长途汽车客运站，建设用地约 1.2 hm²，要求结合市中心环境设计城市广场。

本设计中长途汽车客运站规模按四级站规模等级考虑，日发送旅客数为 2 000 人，5~6 个待发车位（其中至少有 1 个可停靠大巴士的车位）。总建筑面积控制在 2 000 m² 以内，建筑层数 1~2 层。其中：①设置 500 m² 的餐饮面积，以满足旅客的餐饮需求，餐饮形式可以自行确定；②室外停车站场至少考虑能容纳 20 辆过夜大巴士车的停放（其中代发车位可兼作过夜车停放），场地内配置洗车区和维修站，洗车区长宽尺寸为大巴士公交车车位面积的 1.5~2 倍，且宽度不宜小于 4.5 m，长度不宜小于 13 m。维修站房尺寸 15 m×9 m；③站前广场基地沿道路要求考虑出租车候客站，设置至少 20 m 出租车候车带，应能同时停靠 6 辆出租车；并考虑 40 个社会车辆停放车位，社会车辆由专用通道与公交车分流，驶入停车场或出租车候车站，实现大小车分离。

总之，要求该设计内部功能分区明确、流线短捷清晰、使用舒适方便，规划应留有发展余地。同时，设计应考虑有障者的使用要求。

主要使用功能面积分配表

序号	功能区	主要功能	建筑面积（m²）	备注
1	候车区	候车厅	800	
		小卖部	20	
		旅客厕所与盥洗	100	到站与出站男女旅客分开设置
		小计	920	含交通及辅助空间
2	售票区	售票厅	200	
		票房	40	含服务员室，每层设置
		票务办公	20	
		小件行李寄存	20	不是行包房，应靠近售票厅或主要出入口
		问询与电话	20	
		小计	300	含交通及辅助空间
3	办公区	广播调度室	20 + 20	靠近站台，要求能看到进出站
		客运值班室	20	要求靠近售票厅或候车厅，与旅客联系方便
		行车人员休息室	40	靠近调度室并直接通向站场
		民警与消防室	20	要求与售票厅、候车厅、站台联系方便，并可直接通向站场
		贮藏室	20	
		职工厕所	20	
		小计	160	含交通及辅助空间
4	餐饮区	餐厅及厨房	500	考虑餐厅与厨房的面积比例关系，注意厨房的货运问题
	总计		1880	±5%

汽车客运站基地

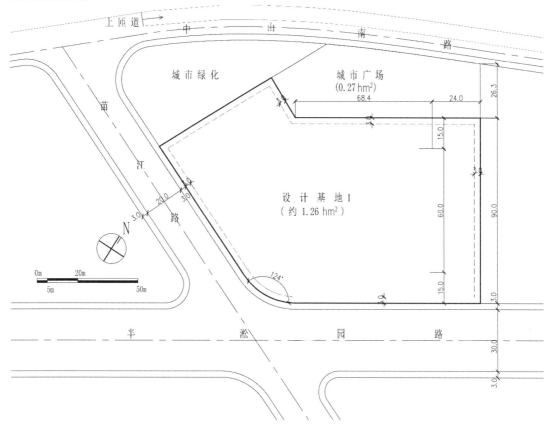

调研报告：南浦大桥汽车客运站 [1]

⊙ **调研目的**

通过对现有南浦大桥基地的调查，分析其功能分布以及交通流线，使自己能更好地处理课题中所遇到的各种问题，使设计达到一定的深度。

⊙ **调研对象**

南浦大桥（沪军营路）公交站。

区位分析

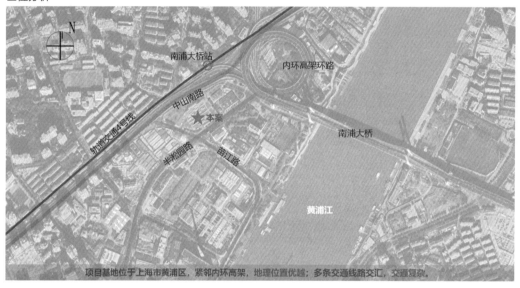

项目基地位于上海市黄浦区，紧邻内环高架，地理位置优越；多条交通线路交汇，交通复杂。

基地分析

地面主要人流来向为北侧轨道交通4号线"南浦大桥站"和"上海黄浦旅游集散站"；南侧人流为车行为主。

[1] 学生周招成、孟祥武，指导老师赵晓芳，2020.

基地周边环境与基地现状

作品一[1]：上海折叠 – 公园下的客运站

　　基地近邻南浦大桥上匝道入口处，属半淞园路片区门户位置，毗邻上海江畔文艺重地，基地环境品质亟需升级。设计者利用屋顶第五立面打造市民公园，通过剪切、折叠的手法，将用地最大限度利用。该方案以立体化方式进行组织，将客运站房及站场停车空间布置在地面层，社会车辆停在餐厅商业空间的地下层，而在客运站屋顶增加市民的公共活动空间。于南浦大桥文艺重地打造出公园式客运站形象以融入滨江片区环境；客运站房采用分散式布局，在候车厅与售票商业之间形成贯穿基地对角线的休闲步行广场以引入人流，并通过人行流线的梳理，在基地上空建立城市慢行步道。开放式城市广场、围合式步行空间与屋顶公园的立体化形成了递进的景观层次，但同时客运站场地面停车空间受到局限。

形体生成

折叠空间解析

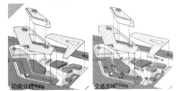

场地分析

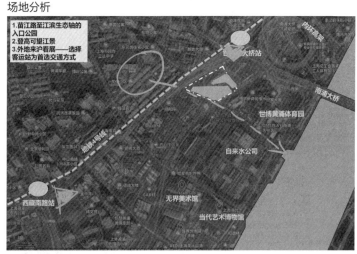

总平面图

建筑模型空间

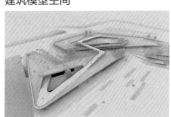

内广场透视图

[1] 学生王盼，指导老师赵晓芳，2020.

有效发车位视角透视

立面、剖面图

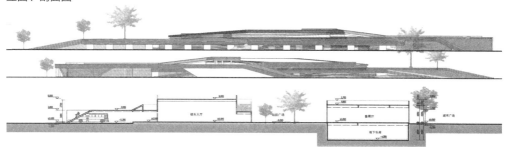

爆炸图

一层平面图

鸟瞰图

作品二 [1]：白玉兰

基地位于上海南浦大桥(沪军营路)，是连接浦东浦西重要地段。设计者通过对大桥"花朵绽放"的形态提炼，以上海市花"白玉兰"为概念，与黄浦江对岸的中华艺术宫形成"圆形"与"方形"的对比，挖掘上海本土文化打造区域地标建筑。该方案从场地布局到建筑形态紧扣概念主题，宛如从地面生长蔓延的花朵与南浦大桥融为一体，同时兼顾与城市广场、城市绿地环境设计的有机融合，人车分流流线组织合理顺畅。在功能方面由于受到花瓣造型的局限，办公区部分空间形态不利于使用需进一步优化。

剖面图

总平面图　　　　　　　　　　　　　分析图　　　　　　　　　场地分析

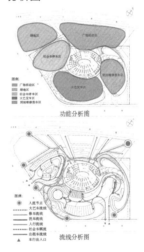

站前广场鸟瞰图

立面图

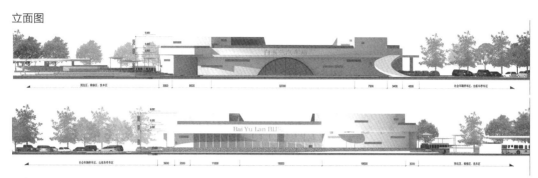

爆炸图

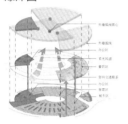

局部透视图

一层平面图

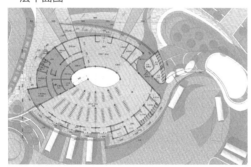

二层平面图

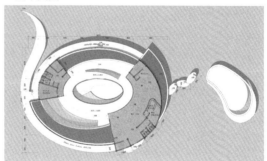

停车场视角鸟瞰图

3.2.6 设计任务六：云南读书铺高速公路服务区设计

⊙ **教学目标**

（1）熟悉对公路类服务性建筑的基地现状分析及总体规划。

——掌握基地环境分析的基本原则（基地形状、朝向、景观、地形、边界、条件、现存建筑、道路、绿化等）。

——理解总体平面布局的基本要素（环境现状、体量与空间、软硬地面划分、树木等）。

（2）掌握处理大量车流、人流复杂关系的能力。

【其中加油站（12 m×20 m）、维修站（12 m×33 m），位置由设计者根据流线确定。】

——学习交通流线图的绘制及分析（车流方向、人流方向、停留节点、出入口等）。

——学习停车场的布置方法。

（3）根据具体功能进行合理的空间组合。

——注意此类建筑间歇性人群高峰的特点。

（4）创作适应高速公路视觉特点、心理特点及适应地方特色的建筑形式。

——注意建筑形式的地标性特点，地方性特点。

（5）学习多样的建筑表现手法及对设计的表现、排版等。

⊙ **设计内容**

设计选址在 G56 杭瑞高速景区式服务区，建设建筑面积 1 500～1 800 m² 高速公路服务建筑。服务区可供服务 100 辆小型客车、20 辆中型客车、20 辆大型客车客人的临时休息、快餐之用。其中加油站和维修区自行定位；规划需预留 20%~30% 发展用地，要求结合周边环境设计室外活动广场。

主体建筑

（1）门厅、休息厅（含小商店）：350 m²；

（2）快餐厅（含厨房）：500 m²；

（3）超市（含库房）：300 m²；

（4）男厕、女厕（含前室）：各 80 m²；

（5）管理用房：75 m²。

停车场

（1）小型客车：3 m×6 m；

（2）中型客车：3.5 m×10 m；

（3）大型货车：3.5 m×13 m。

高速公路服务区设计：基地一、基地二

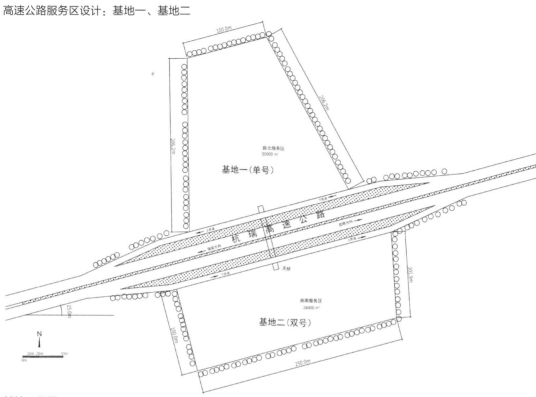

基地卫星图

调研报告：云南读书铺高速公路服务区 [1]

◉ **调研目的**

通过对云南读书铺景区式服务区的调查，分析其功能分布、周边环境以及交通流线，使自己能更好地处理课题中所遇到的各种问题，使设计达到一定的深度。

◉ **调研对象**

云南省昆明市读书铺高速公路服务区

地域风格

[1] 学生袁桂、张瑜、石洛玮、赵燕，指导老师赵晓芳，2021.

读书铺服务区站房实景

基地周边环境

鸟瞰图

作品一 [1]：穿越古滇

- ⊙ **场地分析**

  基地位于云南省昆明市读书铺景区式服务区路南一侧，基地南面紧邻读书铺火车站。设计者将停车区布置在临近高速公路的前区，加油站和维修区布置在场地出口的基地东侧。服务区站房布置在远离高速公路的后区。

- ⊙ **形体构思**

  此基地离坐落于滇池的古滇国 9 km，设计者以追溯和传扬本地文化为出发点，提取古滇文化屋顶造型元素，以现代材料和手法形成古今文化的交融与碰撞。中部大厅空间是高敞的实体，两侧空间为较低的玻璃虚体，虚实体块穿插。

- ⊙ **功能分区**

  设计者将休息区、办公区、超市、快餐及厕所等功能布置在服务站房首层。二层布置特色餐饮区。其中卫生间独立布置在底层东侧，方便高峰期人流集散，也考虑路北服务区人流到达和使用。

- ⊙ **流线组织**

  设计者将停车区设置在临近高速路一侧，车流集中在场地前区，方便车流到达和维修、加油。将人行出入广场设置在场地后区，方便人流到达和路途中休息、放松、观景。

古滇文化

西北视角鸟瞰图

东南视角鸟瞰图

总平面图

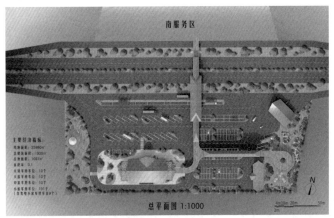

总平面图 1:1000

形体生成

功能分析

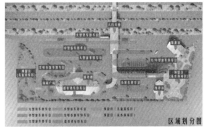

区域划分图

流线分析

流线分析图

[1] 学生么同双，指导老师赵晓芳，2021.

南立面图   西立面图

北立面图   剖面图

平面图   内部流线图

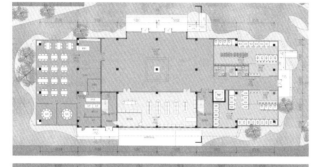

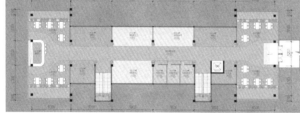

透视图

作品二[1]：流动的花瓣

⦿ 场地分析与形体构思

基地位于云南省昆明市读书铺景区式服务区路北一侧。基地北面有酒店，西北面有射击中心和卡丁车游乐场地。设计者将停车区布置在临近高速公路的前区，加油站和维修区布置在场地出口的西侧。服务区站房布置在停车区的后面，考虑发展分期建设。

设计者以昆明市花山茶花叶片为意象，大屋顶如花瓣般时起时落，并向高速公路一侧形成巨大开口，强化了入口空间的代入感；犹如花茎般轻盈、飘逸的过街天桥解决了路南和路北人行交通的同时，形成观景空间；西北侧外延的人行景观坡道和北侧向外延伸的廊桥虽然超出用地范围，但形成了基地与周围景区立体交通联系。建筑空间开敞通透，可一眼看穿建筑到后面的自然山体与公园。

形体分析

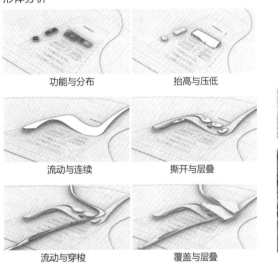

设计理念

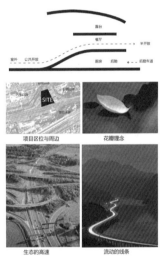

总平面图

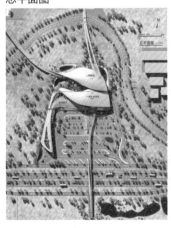

鸟瞰图

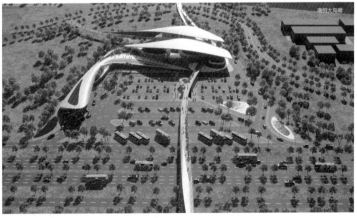

[1] 学生何威，指导老师马怡红，2021.

东南鸟瞰远景

西北鸟瞰远景

东南鸟瞰近景

⊙ 功能分区和流线组织

设计者考虑预留发展，将本方案服务区主站房布置在一期建设区，二期为预留建筑。服务区主站房的首层将休息区与超市、开放式餐饮形成一体的流动大空间，独立餐饮店和卫生间分别布置在大空间两侧，便捷人流高峰的集散和经营管理；二层主要是露天平台和轻餐饮。服务区主站房的前面为人流广场，人流到达有地面和路南过街天桥两个层面。主站房后面是货物车流运输。本设计宛如被多种流线交织而成的地形辗转于高速公路与绿色自然之间，形成人与自然的桥梁与交通联系。

剖面图一

二层平面图

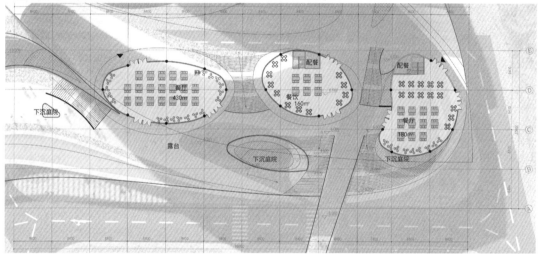

一层平面图

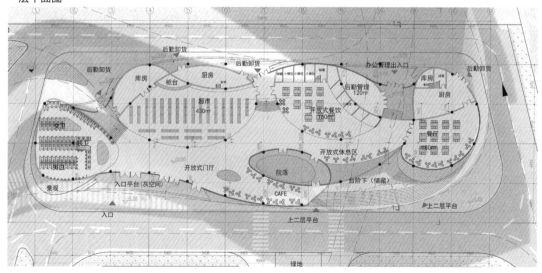

剖透视图

剖面图二

立面图（从上往下为东立面图、西立面图、北立面图）

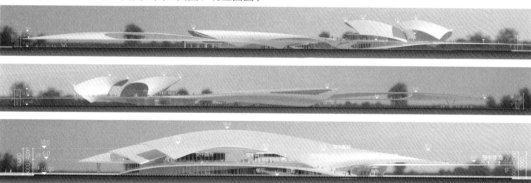

主入口透视

3.2.7 设计任务七：游乐园公共交通枢纽站设计

⊙ 设计内容

拟选址上海公交枢纽站原址，融入城市环境进行重新设计。选址一：南公交枢纽站（迪士尼乐园南入口处）；选址二：西公交枢纽站（迪士尼乐园西入口处）。要求结合游乐园环境设计游客集散广场。本设计中至少可达到 3 ~ 4 条公交线的始发要求（每组车道为双车道），方便地铁与公交换乘。公交枢纽站日发乘客数为 6 000 ~ 8 000 人，6 ~ 8 个待发车位（要求可停靠大巴士，大巴士按车身长 13 m 要求设计），车道宽 7 m，有效长 45 m；调度用房要求平行车道布置；总建筑面积控制在 1 000 m² 以内。

室外停车场至少考虑能容纳 30 辆过夜车的停放（其中至少有 10 辆为大巴士），基地内设置出租车候客站，应能停靠 10 辆出租车，并设置至少 20 m 出租车候车带。设 30 辆出租车蓄车车位，出租车辆由专用通道与公交车分流，驶入停车场或出租车候客站，实现大小车分离。根据地形设置 1 ~ 2 个机动车进出口，宽度 14 m。要求该设计内部功能分区明确、流线短捷清晰、考虑公交换乘方便，使用舒适方便，规划应留有发展余地。同时，设计应考虑有障者的使用要求。设计中应重点考虑不同公共交通类型的更换，注意交通人流的疏散。

主要使用功能面积分配表

序号	功能区	主要功能	建筑面积（m²）	备注
1	候车区	换乘厅	200	
		乘客厕所与盥洗	100	
		小计	300	不含交通及辅助空间
2	商业区	快餐食品	150	宜设置单独出入口，与换乘厅分开，同时保证联系通畅、便捷
		咖啡饮料	100	
		便利店	50	宜设置单独出入口
		小计	300	不含交通及辅助空间
3	办公区	广播调度室	40	靠近站台，要求能看到进站和出站
		站务值班室	20	要求靠近换乘厅，与旅客联系方便
		行车人员休息室	40	靠近调度室并直接通向站场
		民警与消防室	20	
		贮藏室	20	
		职工厕所	20	
		小计	160	不含交通及辅助空间
	总计		760	

公交枢纽站设计：基地一

公交枢纽站设计：基地二

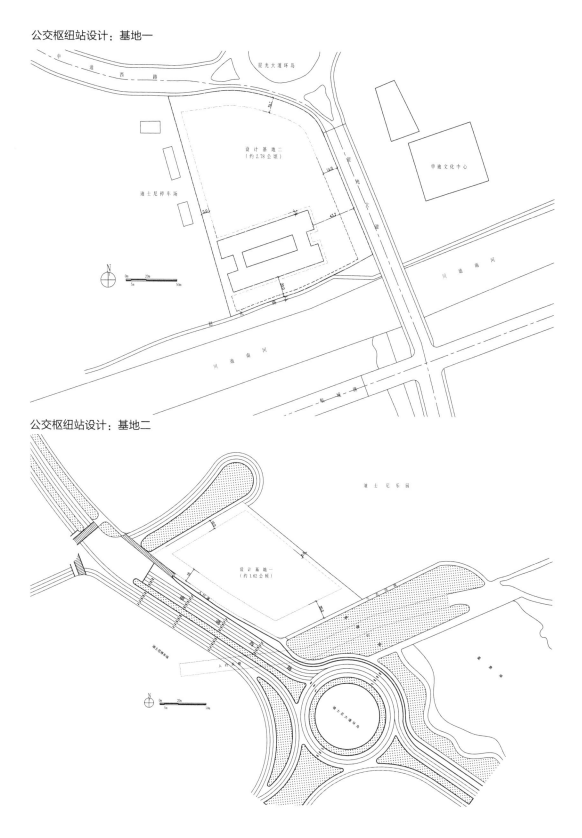

调研报告：迪士尼乐园南、西公交枢纽站 [1]

◉ **调研目的**

通过对上海迪士尼乐园两处公交枢纽站的调查，分析其功能分布、周边环境以及交通流线，能更好地处理课题中所遇到的各种问题，使设计达到一定的深度。

◉ **调研对象**

上海迪士尼乐园南、西公交枢纽站。

南公交枢纽站人流、车流流线分析

南公交枢纽站周边环境

■ **南公交枢纽站** | 功能分析

南公交枢纽车站：包括1个候车厅、3个停车场、3个卫生间和1个游客中心。

[1] 学生许红言、吴连萍，指导老师赵晓芳，2022.

西公交枢纽站周边环境

■ **西公交枢纽站** | 功能分析

西公交枢纽车站: 包括 5 个候车廊、1 个停车场、1 个卫生间、调度室和 3 个休息室以及商业和其他办公空间。

1 游客中心
2 厕所
3 调度室
4 司机休息室

西公交枢纽站功能分析

图例:
　　　 用地红线
　　　 候车厅
　　　 售卖亭
　　　 司机休息室
　　　 蓄车场　公共停车场
　　　 公共卫生间

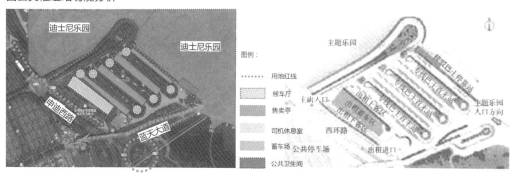

西公交枢纽站流线分析

蓄车场　----▷ 出租车动线　········▷ 巴士动线

人流动线　········▷

作品一[1]：水滴广场

西公交枢纽站位于申迪西路和生态园路交叉口，北面紧邻迪士尼乐园，南面隔着申迪西路是公共停车场。设计者以水滴理念，将主站房设计成水滴自由形态，候车廊则以水波涟漪的形态向站场展开。

设计者将站前广场布置迪士尼乐园东南侧的步道生态园路一侧，出租车出入口和公交车入口布置在申迪西路上。建筑中候车厅串联快餐厅、咖啡、卫生间等各个功能区，分区合理且前后站场通透。极有张力的候车廊架构和细部檐口构造如水滴涟漪般紧扣主题使设计具有一定的深度。但立面中对玻璃材质及幕墙建构表达略欠缺。

总平面图及相关分析图

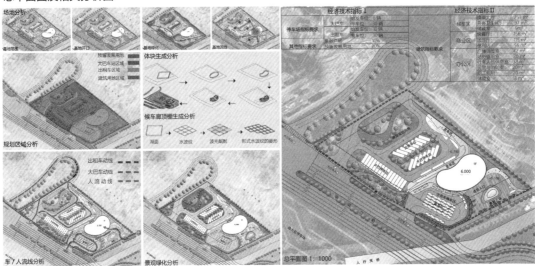

西北鸟瞰图

申迪西路鸟瞰图

东南鸟瞰图

[1] 学生吴连萍，指导老师赵晓芳，2022.

沿申迪西路立面图　　　　　　　沿生态园路立面图

剖面图

剖面图 1：200

内部流线图　　　　平面图

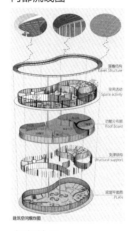

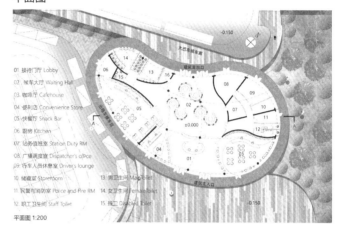

01 接待门厅 Lobby
02 候车大厅 Waiting Hall
03 咖啡厅 Cafehouse
04 便利店 Convenience Store
05 快餐厅 Snack Bar
06 厨房 Kitchen
07 站务值班室 Station Duty RM
08 广播调度室 Dispatcher's office
09 存车人员休息室 Driver's lounge
10 储藏室 Storeroom
11 民警消防室 Police and Fire RM
12 职工卫生间 Staff Toilet
13 男卫生间 Male Toilet
14 女卫生间 Female Toilet
15 残卫 Disabled Toilet

平面图 1:200

细部处理

透视图

作品二[1]：展翅遨游

南公交枢纽站位于川迪南河北侧，申迪西路与星光大道环岛交叉口。基地东侧是申迪文化中心，西侧紧邻社会停车场，北侧是迪士尼乐园度假酒店，且基地中有一栋底层架空的四层办公建筑。设计者以展翅遨游的鹰为主题展开建筑形态设计，并与申迪文化中心对话。建筑空间虽紧扣主题，但比较对称拘谨。好在候车廊空间较为舒展，满足功能的同时与现有办公楼形成有机连接。

设计者人车流线组织合理。将站前广场布置在临道路一侧，方便人流到达；在停车场布局中充分利用现有办公楼建筑底层架空空间做出租车蓄车场和候车空间，在公交车停车场和出租车停车空间中布置预留发展绿地，且绿地空间形成了新老建筑之间的缓冲和空间尺度过渡。候车廊的太阳能光电板细部设计中表达了绿色建筑设计理念。

形体分析

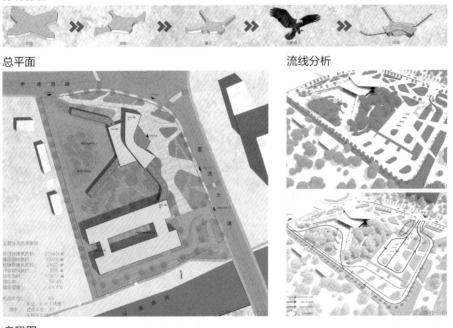

总平面

流线分析

鸟瞰图

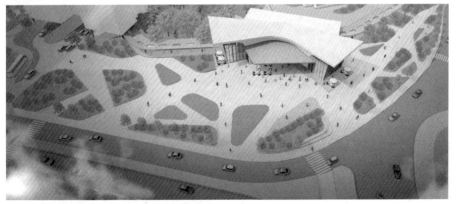

[1] 学生代宇，指导老师赵晓芳，2022.

198

剖透视图

平面图

内部流线、材质分析图

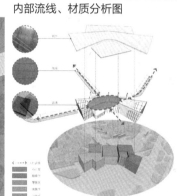

候车廊细部

出租候车空间

室内

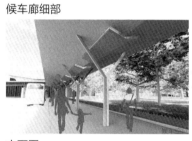

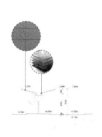

立面图

透视图

作品三[1]：X空间

基地位于南公交枢纽站原址。设计者通过场地分析，以现代手法处理新老建筑关系，空间形态获得了极简构成感。X形曲线空间与现有办公楼形态相呼应，形成了空间的线性延展和步移景异空间变换效果。设计者将主站房建筑与场地内办公楼建筑风格协调一致，材料红砖、白墙与玻璃虚实相间；候车廊以纯净的开敞形式向站场一侧开放，与建筑之间连接白墙通过不同景窗，形成变化对景并体现丰富的空间效果。

场地布局中将站前广场布置在临道路一侧，方便迪士尼乐园度假酒店、申迪文化中心的人流到达；局部利用现有办公楼建筑底层架空空间做出租车蓄车场和候车空间，将出租车进、出站均设置在星光大道上；将公交停车场进、出站合为一处，布置在申迪西路上；预留发展用地则在办公楼底层架空部分。较好地将出租车、公交车分区独立，互不干扰。但出租车出口布置在星光大道，对环绕迪士尼乐园区间运营不便捷。

场地及形体分析

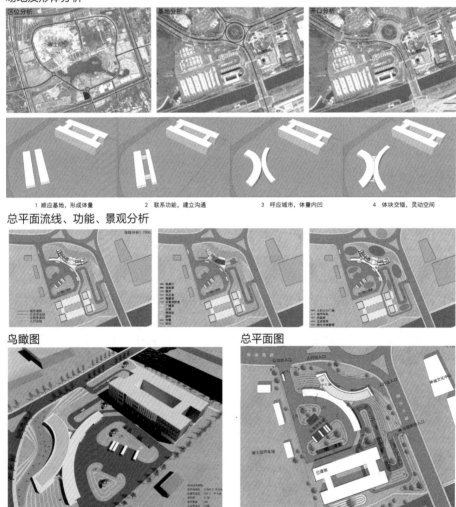

总平面流线、功能、景观分析

鸟瞰图　　　　　　　　　　　**总平面图**

[1] 学生高维建，指导老师王越，2022.

剖面图

申迪西路视角透视图

西南视角的建筑、候车廊透视图

平面图

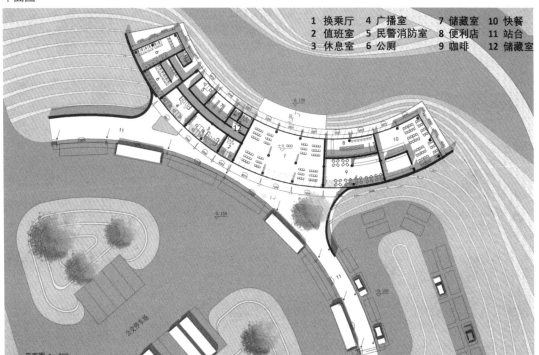

1 换乘厅	4 广播室	7 储藏室	10 快餐
2 值班室	5 民警消防室	8 便利店	11 站台
3 休息室	6 公厕	9 咖啡	12 储藏室

平面图 1：200

透视图

作品四 [1]: 生命之树

基地位于南公交枢纽站原址。设计者以生命之树为理念，以C形自由流畅的大屋顶将建筑、候车廊连接成一个整体，且屋顶开洞使阳光倾洒、星光环抱。大屋顶如森林伞盖般由若干承重柱支撑起来，整体风格契合迪士尼梦幻和自由的主题。

设计者将站前广场布置在临道路一侧，方便人流到达；出租车、公交车进站口布置在星光大道上，出站口布置在申迪西路一侧。充分利用现有办公楼建筑底层架空空间做出租车蓄车场和候车空间，以及预留用地。C形空间围合了公交车停车场，建筑造型空间整体性较好，但相对现有办公楼建筑屋顶尺度过大有待推敲。设计中候车廊梁架结构细部设计如同开枝散叶的大树，较好地表达了设计理念。

场地分析、设计概念、形体分析

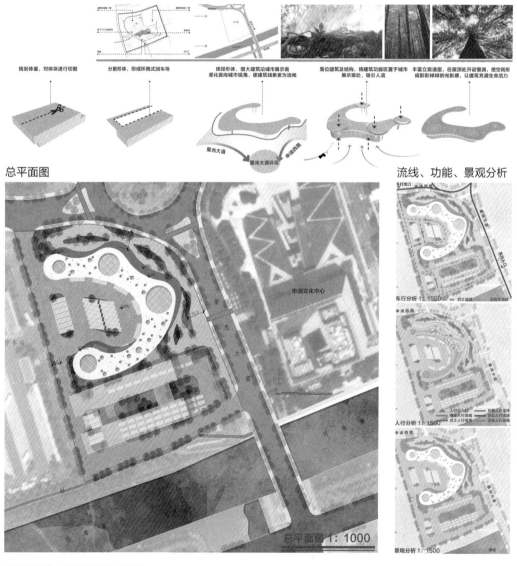

总平面图 1：1000

流线、功能、景观分析

[1] 学生程惠敏，指导老师赵晓芳，2022.

202

星光大道环岛视角透视图

剖面图

候车廊透视图

室内

平面图

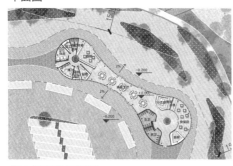

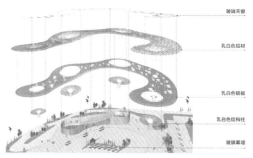

商业区

办公区

换乘公区

玻璃天窗

乳白色铝材

乳白色铝板

乳白色结构柱

玻璃幕墙

停车场视角透视图

参考文献

[1] 章竟屋.汽车客运站建筑设计 [M].北京：中国建筑工业出版社，2000.

[2] 毛兵，沈欣荣，王蕾蕾，等.客运站建筑设计 [M].北京：中国建筑工业出版社，2007.

[3] 格里芬.交通建筑 [M].史韶华，胡介中，彭旭，译.北京：中国建筑工业出版社，2010.

[4] 建筑世界杂志社.交通建筑Ⅰ [M].车永哲，译.天津：天津大学出版社，2001.

[5] 建筑世界杂志社.交通建筑Ⅱ [M].车永哲，译.天津：天津大学出版社，2001.

[6] 建筑设计资料集编委会.建筑设计资料集（第二版）6[M].北京：中国建筑工业出版社，1994.

[7] 刘孔杰，崔洪军.高速公路服务区规划设计 [M].北京：中国建材工业出版社，2009.

[8] 崔淑华.汽车服务场站设计 [M].北京：人民交通出版社，2010.

[9] 乐嘉龙.售车中心 加油站 停车场设计图集 [M].北京：中国建材工业出版社，2004.

[10] 青山吉隆.图说城市区域规划 [M].王雷，蒋恩，罗敏，译.上海：同济大学出版社，2005.

[11] 窦以德，等.诺曼福·斯特 [M].北京：中国建筑工业出版社，1997.

[12] 伯登.世界典型建筑细部设计 [M].北京：中国建筑工业出版社，1997.

[13] 黄华生.建筑外墙——香港案例 [M].北京：中国计划出版社，1997.

[14] 李超.建筑细部设计 [D].北京：北京工业大学，2005.

[15] 查君.上海虹桥枢纽核心区可持续设计研究 [J].绿色建筑，2011（04）.

[16] 郭广勇，白希尧，初庆东，等.汽车尾气治理技术现状与发展 [J].交通环保，2001（12）.

[17] 郑刚，陈雷，华绚.形象源于理念——上海南站的"大交通、大空间、大绿化"设计理念 [J].时代建筑，2007(02).

[18] 顾保南，黄志华，邱丽丽，等.上海南站的综合交通换乘系统 [J].城市轨道交通，2006（08）.

[19] 李京，朱志鹏.海纳百川——论上海虹桥综合交通枢纽规划 [J].铁道经济研究，2008（01）.

[20] 汪大绥，刘晴云，周建龙，等.上海虹桥交通枢纽磁浮站结构一体化设计研究 [J].建筑结构学报，2010（05）.

[21] 叶洪波.海珠客运站环保设施技术的应用 [J].广东科技，2003（05）.

[22] 黄捷，董晓文.生态站场：广州海珠客运站设计 [J].新建筑，2004（01）.

[23] 王国光，曾克明，朱雪梅.江门长途汽车客运站设计研究 [J].广东工业大学学报，2005（04）.

[24] 李春舫，袁培煌."文化性"在大型交通枢纽站设计中的体现：从郑州东站到杭州东站 [J].建筑学报，2009（04）.

[25] 范亚树.上海港国际客运中心城市与交通流线设计 [J].建筑技艺，2009（05）.

[26] 裘黎红，范亚树.江畔跃水滴，地下展通途——上海港国际客运中心建筑设计 [J].建筑知识，2010（11）.

[27] 郭建祥.比翼齐飞：记浦东国际机场二期工程建筑设计 [J].建筑创作，2006（04）.

[28] 蔡镇钰，管式勤，郭建祥.浦东国际机场航站楼设计 [J].建筑学报，1999（10）.

[29] 李文胜，王群.粉黛行韵流水筋，故都涅磐朝天向：苏州火车站改造设计 [J].建筑创作，2007（04）.

[30] 水恒源.谈建筑设计中的地域文化因素 [J].华章，2011（20）.

[31] 索健.当代大空间建筑形态设计理念及建构手法简析 [J].建筑师，2005（06）.

[32] 陈学文，董雅.论"构成"在现代建筑形态设计中的活化作用 [J].天津大学学报，1997（06）.

[33] 严华忠.浅析建筑细部设计在建筑中的作用 [J].建筑施工，2010（05）.

[34] 董晓霞.水滴跃出浦江：上海港国际客运中心建筑设计 [J].时代建筑，2009（11）.

再版后记

　　2021 年 9 月"图说建筑设计丛书"荣获"首届全国教材建设奖"，编辑致电，邀请我对《图说交通建筑设计》进行再版，并希望能增加交通建筑经典案例与学生优秀作业案例的内容，称这部分内容很受同学们的欢迎。我自当受命，于 2021 年 10 月至 2022 年 10 月作了三项工作：一是对交通建筑经典案例做了收集、遴选与评析等工作；二是择选近几年的优秀学生作业案例，对第 1 版的学生作业案例进行增补；三是对第 1 版存在的一些疏漏之处进行修改与调整。希望将能更好地呈现给读者，可以真正地帮助建筑设计初学者掌握建筑设计的方法与语言，也希望同学们能通过此书有更多的收获。

　　本书再版有幸邀请到《图说建筑设计丛书》总主编华耘女士作序，在此深表感谢。真诚感谢同济大学出版社编辑金言女士对本书再版的帮助与支持。

　　希望此书再版能更多地帮助到同学们，也希望同学们在实践中继续学习设计、热爱设计！

　　谨以此书献给我的学生们！

赵晓芳

2022 年 10 月于上海

图书在版编目（CIP）数据

图说交通建筑设计 / 赵晓芳著. -- 2版. -- 上海：
同济大学出版社，2023.7

（图说建筑设计丛书 / 宗轩，江岱主编）

ISBN 978-7-5765-0661-7

Ⅰ. ①图… Ⅱ. ①赵… Ⅲ. ①交通运输建筑—建筑设
计—图解 Ⅳ. ①TU248-64

中国国家版本馆CIP数据核字(2023)第013883号

首届全国教材建设奖获奖教材

图说交通建筑设计（第2版）

赵晓芳　著

出 品 人　金英伟

责任编辑　金　言

责任校对　徐逢乔

封面设计　张　微

出版发行　同济大学出版社　www.tongjipress.com.cn

　　　　　（地址：上海市四平路 1239 号　邮编：200092　电话：021-65985622）

经　　销　全国各地新华书店

印　　刷　常熟市华顺印刷有限公司

开　　本　789mm×1092mm　1/16

印　　张　13.5

字　　数　337 000

版　　次　2023 年 7 月第 2 版

印　　次　2023 年 7 月第 1 次印刷

书　　号　ISBN 978-7-5765-0661-7

定　　价　62.00 元